# L'auteur

**Sonia RIBES-BEAUDEMOULIN** est docteur en océanographie biologique. Elle a étudié la faune des récifs coralliens de La Réunion. Conservateur du Muséum d'Histoire Naturelle de La Réunion, elle mène en partenariat avec d'autres chercheurs, des études sur la faune des îles de l'océan Indien occidental. Elle a réalisé de nombreuses expositions qui mettent en valeur les milieux naturels et la biodiversité de son île et de sa région. Présidente du Conseil scientifique de la Réserve naturelle Marine, elle est très impliquée dans la sauvegarde des récifs coralliens de La Réunion. Membre du Conseil scientifique du Parc National de La Réunion et du Conseil Scientifique Régional du Patrimoine Naturel, elle a le souci de l'avenir des milieux naturels et de la qualité environnementale de son île natale.

# Remerciements

J'adresse mes plus chaleureux remerciements au professeur Gérard Faure, spécialiste des coraux des Mascareignes, qui a accepté de consacrer un peu de son temps pour relire ce livre et y apporter sa contribution.

J'exprime ma profonde gratitude à Florence Trentin qui a passé bien des heures à faire l'analyse critique et syntaxique de mon manuscrit. Ses remarques et corrections ont toujours été judicieuses et pertinentes.

Les nombreux moments que j'ai passé dans l'eau à observer et à photographier les récifs coralliens et leur faune associée n'ont pas suffi pour rassembler toutes les images qui font la richesse de ce livre. Celui-ci n'aurait pu se faire sans la complicité de quelques amis plongeurs et photographes. Je suis particulièrement reconnaissante à Alain B., Alain D., Bruce, Florence, Hendrick, Jean-Pascal, Nicky, Nicole, Patrick et Philibert qui ont contribué à illustrer ces animaux des récifs coralliens.

Ce fut un réel plaisir de travailler avec Noémie qui a réalisé la mise en page de ce volume.

Et un grand merci à Claudine pour la confiance qu'elle m'accorde.

# Les îles Mascareignes

Volcans émergés dans l'océan Indien, il y a quelques millions d'années, les îles de La Réunion, Maurice et Rodrigues forment l'archipel des Mascareignes.

L'île de La Réunion est la plus grande (2500 km²) et la plus haute (le plus haut sommet, le Piton des Neiges culmine à 3069 m), avec un volcan toujours actif, le Piton de la Fournaise.
Les reliefs sont marqués avec des falaises abruptes entaillées de profondes ravines creusées par l'érosion, formant un ensemble de trois cirques, Cilaos, Mafate et Salazie. 30% des milieux naturels y sont encore préservés.

L'île Maurice la plus âgée des trois îles (8 millions d'années), est constituée d'une petite plaine côtière s'élevant vers des montagnes discontinues, très érodées, encerclant un plateau central. Le point le plus élevé, le Piton de la Rivière noire, culmine à 828 m dans le sud-ouest.
L'île, d'une superficie de 1865 km², est presque entièrement encerclée de récifs coralliens, avec de nombreux îlots. Moins de 3% des milieux originaux ont perduré.

L'île Rodrigues est la plus petite (104 km²) et la plus isolée. Montagneuse avec une chaîne centrale qui culmine au Mont Limont (393 m), l'île est enserrée par un important récif corallien avec 18 îlots. Les forêts, depuis longtemps disparues, ont été remplacées par des pâturages qui dominent le paysage de l'île.

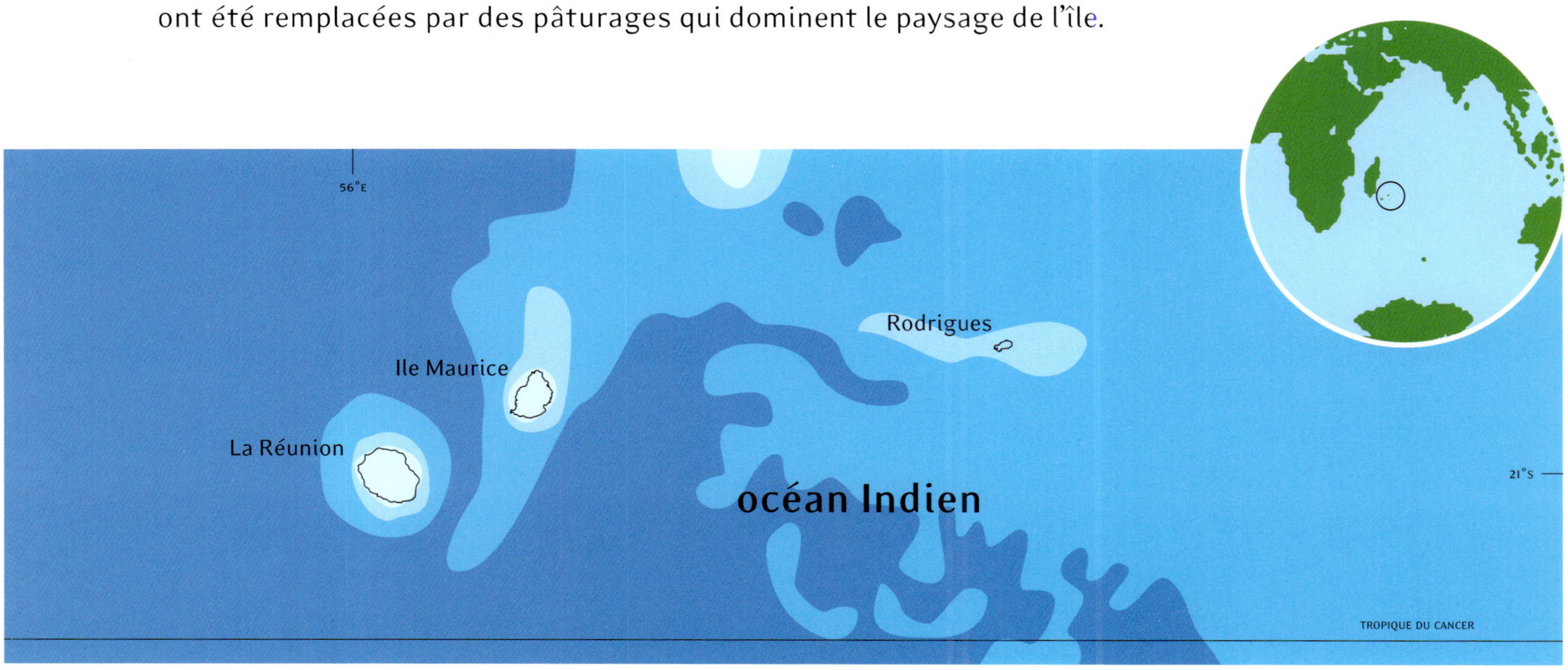

# S o m m a i

r e

## Les récifs coralliens des Mascareignes... 6

Des îles nées de volcans 8
Une histoire de plusieurs milliers d'années 10
Bancs récifaux et plates-formes récifales 12
Récifs frangeants de La Réunion 14
Récifs frangeants de Maurice et de Rodrigues 16

## Le récif, de la plage au glacis 18

Les plages de sable corallien 20
Les dépressions d'arrière-récif 22
Les fonds sableux 24
La vie autour des colonies coralliennes 25
Les herbiers 27
Les platiers récifaux 28
La zone de déferlement des vagues 30
Les éperons et les sillons de la pente externe 32
Les passes et les fausses-passes 34
Les tombants et les grottes 36
Le glacis, là où finit le récif 38
Battues par les vagues, les zones rocheuses 40
Les mangroves de Maurice et de Rodrigues 42

## La construction du récif 44

Les coraux des Mascareignes 46
Quand la mer devient rosée 48
Du polype à la colonie 50
Coraux-zooxanthelles, des partenaires intimes 52
Cousins, cousines 54
Compétition sur le récif 56
Ils participent à l'édification du récif 58
L'érosion du récif par les organismes 60

## Les associations animales dans les récifs coralliens 62

Vivre ensemble 64
Une colonie corallienne : le gîte et le couvert 66
Coraux et crustacés 68
Dans les méduses et les anémones de mer 70
Au cœur des gorgones, des étoiles de mer ... 72
Associations alimentaires des nudibranches 74

## Des récifs menacés, à protéger 76

Les causes environnementales 78
Lorsque les coraux sont malades 80
L'impact de l'homme sur les récifs coralliens 82
La sauvegarde des récifs coralliens des Mascareignes 84

## Glossaire 86
## Index 87
## Iconographie 88

# Les récifs coralliens des Mascareignes

Les îles de La Réunion, de Maurice et de Rodrigues sont d'origine volcanique et possèdent sur leur pourtour des récifs coralliens. Suivant l'âge géologique de l'île, ceux-ci sont plus ou moins développés, mais tous abritent des communautés très riches en espèces. Les récifs coralliens sont les écosystèmes les plus productifs et les plus complexes de la planète : ils sont les dépositaires et le creuset de la plus grande biodiversité marine, au même titre que la forêt tropicale l'est pour la biodiversité terrestre. En effet, on estime entre un et trois millions le nombre d'espèces vivant sur les récifs. Les récifs coralliens contiennent plus de groupes animaux que n'importe quel autre écosystème au monde. Leur diversité actuelle témoigne d'une évolution qui se déroule depuis des millions d'années grâce à des conditions de milieu relativement stables et qui a permis de tisser une multitude de relations particulières entre les espèces. Dans les Mascareignes, l'inventaire de la biodiversité est loin d'être terminé, mais d'ores et déjà l'archipel est considéré, au niveau mondial, comme un point chaud de la biodiversité marine dans le sud-ouest de l'océan Indien.

### Tel un puzzle

L'écorce terrestre est constituée de plaques lithosphériques rigides qui glissent sur l'asthénosphère (partie visqueuse du manteau) au rythme de 1,3 à 18,3 cm/an. Chaque plaque se déplace dans des directions différentes et à des vitesses différentes. Ce qui engendre séismes et volcanismes à leurs frontières.

Les îles volcaniques de La Réunion et de Maurice résultent de l'activité d'un point chaud qui se manifeste depuis 40 à 70 millions d'années. Rodrigues a une histoire différente. L'île est née du fonctionnement de la dorsale océanique médio-indienne dont les épanchements volcaniques sont à l'origine du soubassement de l'île. Le dernier de ces épanchements a eu lieu il y a 1,8 million d'années.

# Des îles nées

### Le volcanisme de point chaud

Les points chauds correspondent à des zones fixes du manteau où une concentration locale de chaleur amène une fusion partielle du matériel. Moins dense que le matériel ambiant, le matériel fondu remonte vers la surface et vient percer la lithosphère pour former un volcan.

### Point chaud et chaînon de volcans

Si une plaque lithosphérique se déplace au-dessus d'un point chaud qui fonctionne sporadiquement, il se crée en surface un alignement de volcans. L'île de La Réunion est le plus jeune chaînon du tracé du point chaud qui a formé les Trapps du Deccan en Inde, les Laccadives, les Maldives, les îles Chagos et l'île Maurice.

Formation du volcan par accumulations de matériel basaltique.

Déplacement de la plaque et formation d'un 2^e^ volcan.

Fin du volcanisme, érosion et transformation de l'île.

### Un volcanisme toujours actif à l'île de La Réunion

Les premières manifestations éruptives sur le fond de l'océan à l'origine de l'île Maurice sont estimées à 10 millions d'années et pour La Réunion à 5 millions d'années. À La Réunion, le point chaud a d'abord donné naissance au massif de la Montagne puis du Piton des Neiges, avant de créer au sud-est celui du Piton de la Fournaise. Le point chaud à l'origine de ces formations se trouverait actuellement à environ 300 km au sud-est de l'île.

### Et l'île s'agrandit

Chaque coulée qui atteint la mer, augmente temporairement la surface de l'île de plusieurs $km^2$, comme ici celle d'avril 2007. Sous les coups de boutoir des vagues, ces laves vont rapidement être érodées, ne laissant après chaque coulée que peu de surfaces nouvellement construites.

Pic Grand fond à l'île Maurice.

# de volcans

## Des îles volcaniques qui se façonnent

L'érosion est un processus majeur de l'évolution à long terme des édifices volcaniques. Aujourd'hui l'île Maurice est un caillou basaltique aux paysages adoucis, disséqué par l'érosion, hérissé de modestes pics qui culminent à 828 m. La Réunion, au contraire, offre des paysages et un relief très marqués, structurés par une érosion des plus fortes constatées dans le monde.

Cirque de Mafate à La Réunion.

Vagues à la Pointe au Sel.
Ouest de La Réunion.

Arche du Cap Méchant.
Sud de La Réunion.

## L'action des vagues

C'est l'une des premières forces de l'érosion. Sous leur action des arches marines peuvent se former, puis s'effondrer et évoluer en îlots.

Plage de sable noir de Saint-Paul
lors du cyclone Gamède en février 2007.

## La sédimentation

Le matériel arraché sur les flancs ou sur les littoraux de l'île peut former des accumulations sédimentaires modelées ou non par le vent (dunes) ou les vagues (plages).

## La pluie

Les fortes pentes de l'île ont été entaillées par des rivières qui peu à peu se sont encaissées dans des gorges (les remparts). À part quelques rivières pérennes, elles sont à sec la plupart du temps. Quand surviennent de grosses pluies, elles s'enflent et leurs flots arrachent et poussent de nombreux blocs rocheux, modifiant souvent certains détails du relief.

Rivière des Rempants.
Sud de La Réunion.

**Des langues de basalte sous la mer**
Les îles volcaniques de la zone intertropicale offrent, au départ, un substrat idéal pour la fixation des larves des coraux qui se développent en colonies et finissent par constituer un récif.

Les récifs sont des édifices construits par des organismes vivants, les coraux, qui s'élèvent vers la surface. Dans les Mascareignes la différenciation des récifs coralliens a débuté il y a 16 000 ans environ. Formant d'abord un banc récifal, le récif se différencie ensuite en plate-forme avec l'existence d'un platier. Plus tard, la transgression marine offrant de nouvelles surfaces disponibles, s'individualisent une dépression d'arrière-récif et un platier récifal. C'est alors un récif frangeant. L'archipel des Mascareignes offre tous les stades intermédiaires entre les récifs frangeants et les bancs récifaux. La superficie des complexes récifaux est directement liée à celle des plateaux insulaires qui les supportent.

# Une histoire de plusieurs

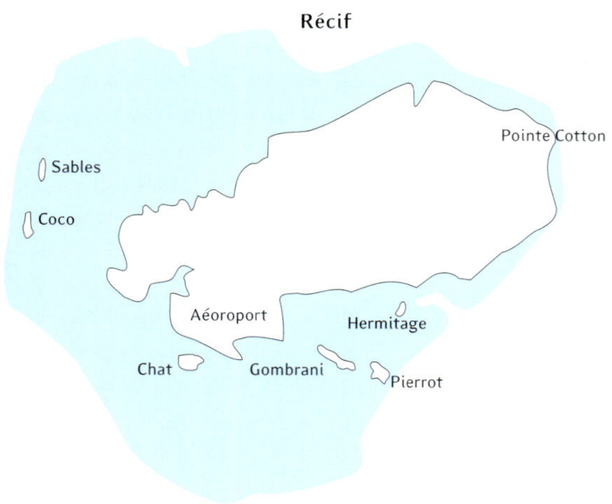

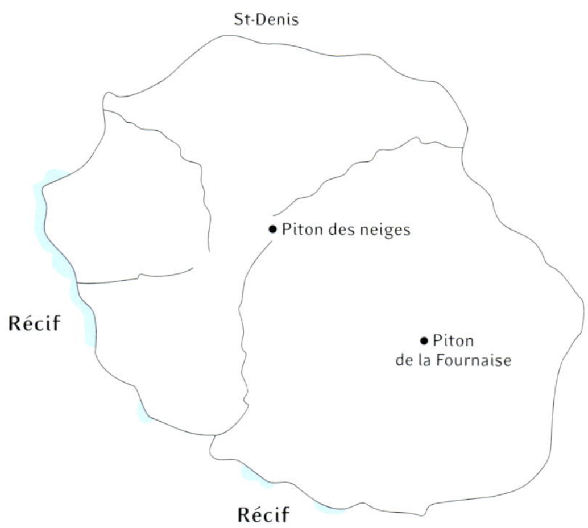


**Rodrigues, une île ceinturée de récifs frangeants**
Elle possède, dans sa partie nord-ouest et sud-ouest, un grand lagon avec des chenaux profonds et des îlots. D'une longueur totale de 90 km, le récif atteint une largeur de 8 km au sud-ouest. La superficie occupée par les récifs est de 230,6 km². L'île se prolonge par un vaste plateau insulaire délimité par l'isobathe de 200 m.

**Maurice, des récifs et des îlots**
La plus ancienne île des Mascareignes est environnée de récifs frangeants sur la majeure partie de ses côtes (150 km sur 200 km au total). Ils sont interrompus à l'embouchure des principales rivières et au niveau des falaises. Les récifs, d'une superficie de 240 km², atteignent 8 km dans leur plus grande largeur, entre la plage et le front du récif. De nombreux îlots émergent dans la zone récifale. L'existence d'un plateau sous-marin de 25 km de large est favorable au développement localisé de grands complexes récifaux.

**La Réunion, des récifs sur la côte ouest**
L'abondance des alluvions, les rivières pérennes et les eaux marines turbides sur la côte Est interdisent l'activité corallienne et l'édification des récifs. À l'ouest, du Cap La Houssaye au nord à Grande Anse au sud, le littoral est bordé çà et là par des récifs d'une longueur totale de 25 km et d'une superficie de 12 km². La largeur des platiers récifaux n'excède pas quelques centaines de mètres. Les reliefs montagneux et très accidentés de l'île se prolongent par un plateau sous-marin très étroit, n'offrant ainsi que peu de surfaces colonisables par les organismes bioconstructeurs.

### Des anciennes dunes calcaires à Rodrigues

La partie sud-ouest de l'île est dominée, sur environ 10 km², par une plaine karstique formée de grès d'origine corallienne. Lors des baisses du niveau de l'océan, le vent a poussé et accumulé le sable corallien du lagon à l'intérieur des terres et créé des dunes dans la partie sud-ouest de l'île. L'infiltration des eaux de pluie a provoqué des dissolutions partielles du calcaire, suivies de recristallisations qui ont cimenté l'intérieur des dunes sous forme de grès à gros grains, les arénites. Ultérieurement, ces bancs d'arénites calcaires (ou calcarénites) ont été dégagés par le vent.

Dans les bancs de calcarénites de Petite Butte, des carrières (improprement appelées localement « carrières de corail »), exploitées jusqu'en 2002, ont permis l'extraction de blocs destinés à la construction d'habitations.

C'est sur l'étendue karstique de Plaine Corail que l'aéroport de Rodrigues a été implanté, en raison du relief naturellement plat.

Bordant également de ci, de là, la côte Est, les calcarénites prennent des formes tourmentées sous l'action du ressac, comme ici à Pointe Cotton.

# milliers d'années

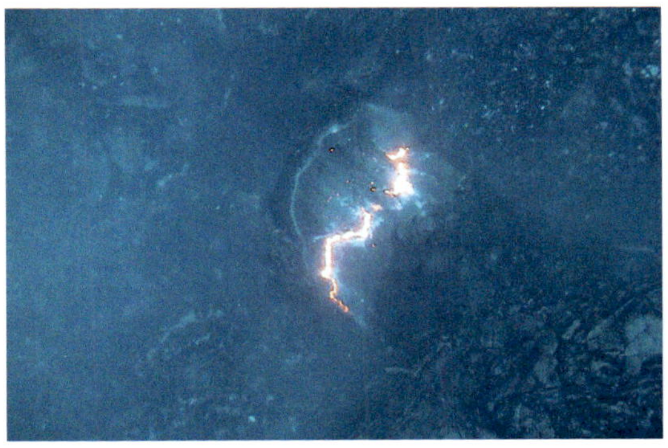

(1)

(2)

### Colonisation des laves par les organismes

La coulée de 2004 au sud de La Réunion a atteint la mer. Pour la première fois sur l'île on constate la formation de laves en coussins ou « pillow lavas » (1).
Les chercheurs ont pu suivre dès les premiers instants, l'installation de la faune sur les laves à peine refroidies (2).

(3)

(4)

### Les pionniers

Les premiers organismes à se développer sur ce nouveau substrat sont des microalgues puis des organismes sessiles comme les hydraires (3).
Les colonies coralliennes pionnières (du genre *Pocillopora*) seront observées une année après l'arrêt de la coulée (4).

(5)

### Une nouvelle chaîne trophique

Des juvéniles de poissons récifaux vont rapidement coloniser ce milieu vierge. Cette abondance de nourriture attire alors petits et grands prédateurs qui vont réguler les populations (5).
Il s'établit ainsi une chaîne trophique et un certain équilibre s'instaure.

À Maurice, c'est à Grand Baie, au Cap Malheureux (ill.) et au sud-ouest de Blue Bay qu'on trouve des bancs récifaux.

**Ce sont les formations récifales les moins développées, où l'assise basaltique est encore visible. Parce que le relief de l'île est plus jeune, ces formations sont fréquentes à La Réunion. Elles sont relativement peu étendues et localisées à Maurice et à Rodrigues.**

# Bancs récifaux et

À Rodrigues, les bancs récifaux sont cantonnés au Trou d'argent dans le nord-est de l'île.

**Bancs récifaux**

Ils correspondent aux stades initiaux de la construction corallienne. Ce sont des langues de basaltes immergées dont la surface est tapissée par un revêtement d'algues molles ou d'algues calcaires encroûtantes (mélobésiées). En raison de leur exposition à la violence des déferlements, les coraux, très parsemés, sont encroûtants ou en forme de dômes ou encore branchus massifs. Parfois une zone à contreforts interrompt l'extension du banc vers le large.

(1)

À La Réunion, il existe des bancs récifaux à Boucan Canot (1) et (2) aux Roches Noires (Saint-Gilles) et, à un stade plus évolué, sur le secteur du Cap La Houssaye (3).

(3)

(2)

(1)

(2)

À Maurice, c'est à Souillac dans le sud de l'île (1) et sur la côte Est à Pointe Lafayette (2) que l'on trouve des plates-formes récifales.

# plates-formes récifales

À Rodrigues, seule la baie de Pointe Cotton est une plate-forme récifale.

## Plates-formes récifales

Elles sont formées également à partir d'une coulée volcanique immergée et colonisées par les organismes constructeurs. Leur largeur excède rarement une cinquantaine de mètres. Un platier récifal y est individualisé en continuité directe avec les accumulations sableuses de la plage, mais la zonation est peu marquée et il n'y a pas de dépression d'arrière-récif.

(5)

(6)

À La Réunion, ces structures récifales se rencontrent au nord de Boucan Canot, du Cap Homard à la Pointe des Aigrettes, au nord et au sud de Saint-Leu (5), à Grande Anse (6) et à Grand Bois (7) et (8).

(7)

(8)

## Beach-rock

Au niveau de la zone de balancement des marées, parallèlement au rivage et à faible pendage vers la mer, des bancs de grès de plage sont parfois présents.
Ils se forment par précipitation de carbonate de calcium qui cimente les grains de sable entre eux.
Le carbonate est apporté par percolation et évaporation d'eau du fait de la température élevée régnant à cet endroit.

# Récifs frangeants de La Réunion

Les récifs frangeants bordent une terre émergée. Ils sont généralement étroits et directement accolés à la côte ou parfois séparés d'elle par un petit chenal peu profond. Ils se distinguent des deux formations récifales précédemment décrites par la présence d'une zonation nette des structures et des peuplements au niveau du platier, par le développement d'accumulations sédimentaires post-récifales de dimensions variables et un approfondissement plus marqué de la zone fronto-littorale (présence d'une dépression d'arrière-récif).

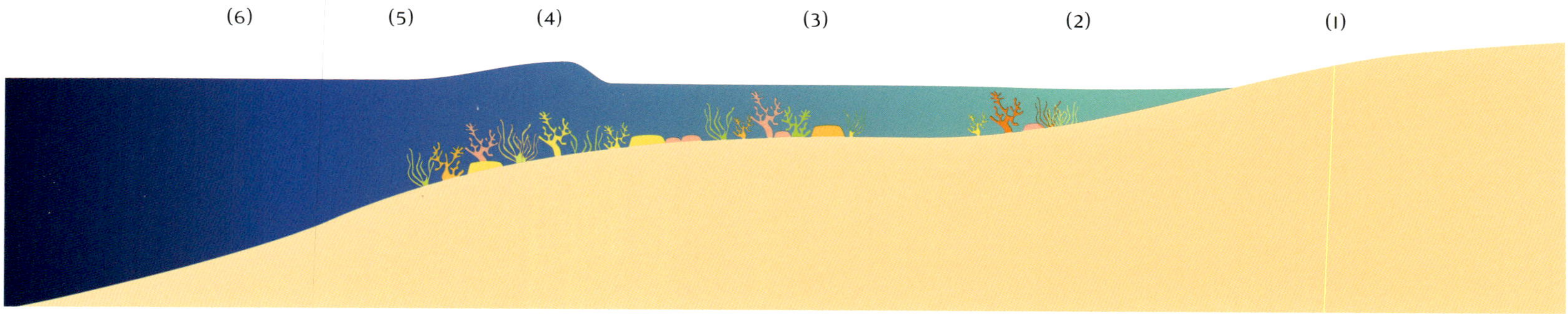


**On distingue de la côte vers le large 3 ensembles :**

- La dépression d'arrière-récif correspond à une étendue d'eau de faible profondeur à basse mer (1 m en moyenne) qui sépare le platier récifal de la plage.
  1 - Plage d'arrière-récif
  2 - Zone de dépression d'arrière-récif
- Le platier récifal (partie sommitale et horizontale du récif) qui émerge durant les basses mers
  3 - Platiers
  4 - Front récifal, zone de déferlement des vagues
- La pente externe, toujours immergée, d'inclinaison variable vers le large, présente une zonation morphologique qui tient compte de la bathymétrie et du relief volcanique initial :
  5 - De 0 à 25 m de profondeur : une zone à éperons et sillons (dans les 10 premiers mètres, les éperons résultent de la coalescence des constructions coralliennes, mais à partir de 20 m, celles-ci tendent à s'estomper et les éperons correspondent à des épanchements volcaniques ; les sillons sont des dépressions perpendiculaires au front récifal).
  6 - De 25 à 50 m de profondeur, apparaît une dalle volcanique à revêtement organogène de faible pente, résultant de la colonisation d'anciens affleurements volcaniques par un encroûtement algo-corallien peu épais (moins de 2 m). C'est le glacis.
  Les passes et les fausses passes (7) permettent la circulation des eaux entre ces différents compartiments.

**Le complexe récifal de Saint-Gilles - La Saline**
Il s'étend depuis la pointe du Cap la Houssaye au nord, jusqu'à la passe de Trois Bassins au sud. C'est au niveau de Trou d'eau que le lagon est le plus large (500 m) et que la zonation est la plus marquée.

**Le récif de Saint-Leu**
Il est délimité au nord par la Pointe des Châteaux et au sud par la Pointe au Sel. Il abrite un petit port de pêche et de plaisance.

**Le récif de l'Étang-Salé**
C'est la seule entité récifale à recevoir directement dans le lagon, barques de pêche et petits bateaux de plaisance qui ont accès à l'océan grâce à un chenal creusé dans le platier.

**Le récif de Saint-Pierre**
Il débute au nord-ouest à la Pointe du Diable (Ravine Blanche). Il est bordé au sud-est par le port de plaisance et la Rivière d'Abord.

# Récifs frangeants de Maurice

À Maurice s'individualisent des récifs frangeants internes ainsi qu'un récif-barrière et un récif à caye. À Rodrigues, du fait de la profondeur plus grande des parties méridionales des dépressions post-récifales (« lagons »), l'édifice récifal présente une ébauche de récif-barrière.

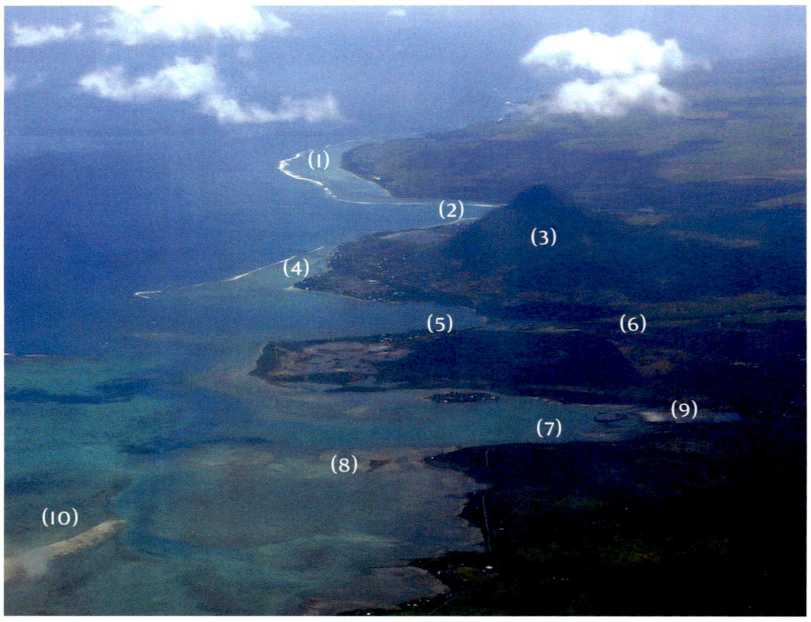


**Les récifs frangeants de Flic en Flac à Rivière Noire**

(1) Récif frangeant de Flic en Flac, compris entre Flic en Flac et la baie de Tamarin (2).
(3) la Tourelle du Tamarin est le seul relief marquant le paysage.
(4) Récif frangeant de la Preneuse qui s'ouvre sur la baie (5) de la Grande Rivière Noire (6).
(7) Le fond de la baie de Petite Rivière Noire est constitué d'accumulations sablo-vaseuses.
(8) Entre la canal paralique de la Rivière Noire (9) et la côte, on trouve des herbiers de phanérogames plurispécifiques.
(10) Caye : dans les régions sous le vent entre la baie de Petite Rivière Noire et l'îlot Fourneau, au sud du Morne Brabant, s'individualisent des bancs sableux épars, dont certains sont fixés par de la végétation (îlot Bénitier (11)).

(11)

**Une ronde d'îles**

Coin de Mire, île Ronde (1), île Plate, île aux Serpents, îlot Gabriel au nord ;
île Marianne, île aux Bigorneaux, îlot Bernache, île d'Ambre, îlot Mounick au nord-est ;
île Mangénie, île de l'Est, île aux Lubines, île Forency, île aux cerfs à l'est ;
île aux Singes (2), île de la Passe, île aux Fouquets, île aux Vacoas (3), île aux Fous, île aux deux Cocos au sud-est dans la baie de Mahébourg, au total près d'une cinquantaine de petites îles sont ancrées au large de Maurice, la plupart le long de la côte Est.
Si certaines sont minuscules (253 $m^2$ pour la plus petite), d'autres font plusieurs hectares (l'île d'Ambre, la plus grande, fait 140 ha).

(1)

(2)

(3)

# et de Rodrigues

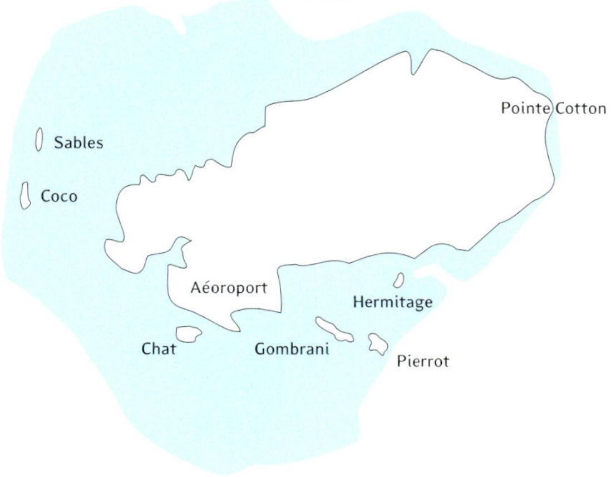


**Un récif elliptique façonné par la houle**

Large de 8 km au sud-ouest et de seulement 50 m à Pointe Cotton au nord-est, les formations récifales de l'île Rodrigues présentent une disparité géométrique imputable à l'action combinée des houles d'alizés et des houles cycloniques qui frappent plus particulièrement les zones « au vent ». Ce qui limite la croissance des récifs au nord-est.

**L'ébauche de récif-barrière dans le secteur de Quatre-vingts Brisants**

Forme de transition entre le récif frangeant et le récif-barrière, l'édifice récifal au niveau du secteur de Quatre-vingts Brisants présente une dépression post-récifale de grande dimension et profonde de plus de 15 m.

**Un lagon parsemé d'îlots**

Parmi les 18 îlots que l'on trouve dans le lagon, essentiellement à l'ouest et au sud, certains sont sableux (île aux Cocos, île aux Sables), d'autres basaltiques (îles Booby, Diamant, Catherine, Crabe, Hermitage) ou encore formés de grés dunaires (îles Gombrani, Plate, Pierrot).

**Cocos et Sables, des îlots sableux**

Entre la Grande Pointe au nord, et la passe au sable au sud, s'étend une zone longue de 12 km et large de 1 km environ, où aboutit du matériel biodétritique (le sable) déporté d'est en ouest par les courants dominants. Ces accumulations sableuses, ou cayes, émergent pour former des îlots. Le plus grand îlot, Cocos, forme une bande de sable d'un kilomètre et demi de long sur 250 mètres de large.

**Du sable et des filaos**

Ces cayes sont fixées par la végétation. Après les patates à Durand de la plage, succèdent les filaos, les arbustes de manioc marron (*Scaevola taccada*) et les cocotiers.

(1)

(2)

**Un îlot rocheux**

L'île Hermitage (1) est un affleurement basaltique, avec un relief tourmenté. Elle est bordée à l'est par une minuscule plage de sable blanc (2).

# Le récif, de la plage au glacis

On distingue au sein des récifs des Mascareignes plusieurs compartiments possédant chacun leurs caractéristiques propres. De la plage vers le large se succèdent des zones bien individualisées avec leurs peuplements, liés aux facteurs physiques (hydrodynamisme, courants, lumière...). Pas moins de trente peuplements différents ont été dénombrés dans les Mascareignes. La dépression d'arrière-récif est une zone de baignade privilégiée car formée de sédiments meubles avec des formations coralliennes plus ou moins éparses. Font suite des zones riches en coraux, les platiers. Le front récifal où déferlent les vagues, marque le passage avec la pente externe. Celle-ci est caractérisée par une alternance d'éperons et de sillons qui s'estompent vers 25 m de profondeur. À partir de 30 m et jusqu'à la profondeur de 50 m, fait suite le glacis constitué de débris et de coraux épars. Des passes interrompent le récif. Elles permettent la sortie des eaux du lagon et sont donc soumises à de forts courants. Dans la partie terrestre du récif, les lagons sont bordés par des plages de sable corallien plus ou moins fin. À Maurice et à Rodrigues, les zones sédimentaires ont permis l'installation de mangroves. Dans les zones sans lagon individualisé, des zones rocheuses bordent le récif.

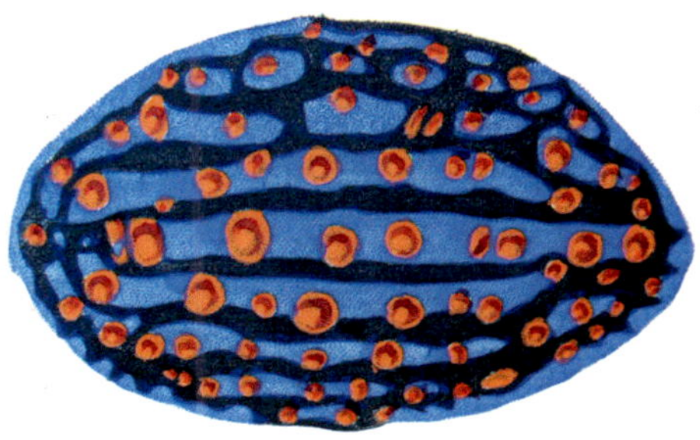

**Patate à Durand**
*Ipomea pes-caprae*

**Veloutier**
*Tournefortia argentea*

**Sable corallien**

**Filaos**
*Casuarina equisetifolia*

# Les plages de

Dans les trois îles Mascareignes, la plage qui précède le lagon est une bande relativement étroite, bordée en haut de plage par la patate à Durand, une liane qui retient le sable, puis par des filaos. A Maurice, on trouve également des veloutiers. La plage elle-même est constituée d'éléments plus ou moins grossiers, provenant de l'érosion du récif : morceaux de coraux, débris de coquilles, carapaces de crustacés, squelettes de foraminifères...

**Un bernard l'ermite terrestre**
Sur les hauts de plage, on trouve des pagures charognards appartenant au genre *Coenobita*. Une de leurs pinces, plus développée, ferme la coquille dans laquelle l'animal se retire lorsqu'il se sent en danger. Ce crustacé retourne à la mer uniquement pour pondre. Les larves mènent d'abord une vie pélagique avant de se métamorphoser et de gagner la terre ferme.

**Tectecs**
Dans le sable fin des plages mauriciennes, les habitants ont l'habitude de ramasser les tectecs (petits mollusques bivalves de la famille des Tellinidae), au niveau de la zone de balancement des marées (faibles à la latitude des Mascareignes).

**Les crabes fantômes**
C'est surtout la nuit que ces petits habitants des plages sortent de leurs terriers pour rechercher leur nourriture. Cependant, il n'est pas rare de les voir arpenter le sable pendant la journée, disparaissant, tels des fantômes, à la perception du moindre mouvement. A Maurice, on les appelle des cambrésis. Les yeux de cet *Ocypode ceratophthalma* (1) ont des prolongements effilés caractéristiques. Dressés à 90° au-dessus des orbites, ils permettent au crabe d'avoir une vision à 360°. *Ocypode pallidula* (2) est une espèce très fréquente sur les plages de sable blanc. Les jeunes ont une coloration parfaitement cryptique avec leur environnement. Les crabes fantômes creusent des galeries très profondes, qui sont en contact avec les eaux souterraines (3).

### Des limicoles sur la plage

Quelques oiseaux migrateurs fréquentent le bord des plages, à la recherche des petits animaux qu'ils déterrent de leur long bec. Ces oiseaux nichent dans la zone paléarctique et migrent vers des latitudes plus clémentes à l'automne boréale. Ils arrivent sur les plages vers novembre et repartent au mois d'avril.

Sur la plage de l'Hermitage, un bécasseau cocorli *Calidris ferruginea* et deux tournepierres à collier *Arenaria interpres*.

# sable corallien

(1)

(2)

(3)

(4)

(5)

### Les oiseaux de l'île aux Cocos

A l'île aux Cocos à Rodrigues, la plage est occupée par les sternes fuligineuses *Sterna fuscata* (1) qui fréquentent l'îlot au moment de la reproduction. Les sternes fuligineuses nichent au sol sur la plage (2). En raison de leur piaillement incessant les Rodriguais les appellent «yéyés ». D'autres sternes, le noddi brun *Anous stolidus* (3), le noddi à bec grêle *Anous tenuirostris* (4) et la gygis blanche (goelette, ou encore vierge) *Gygis alba* (5), nichent sur les filaos qui bordent la plage. Pendant cette période on dénombre près de 4 500 oiseaux sur l'îlot.

### Des réserves naturelles pour les oiseaux

Classé réserve naturelle, l'îlot n'est visitable que sur les 2/3 de sa superficie. Sa voisine l'île aux Sables est aussi une réserve naturelle (non visitable), refuge de plusieurs milliers d'oiseaux.

**Le lagon**
La largeur du lagon varie, de quelques dizaines de mètres (totalité des lagons de La Réunion, ouest et nord-ouest de Maurice), à plusieurs kilomètres (ouest et sud-ouest de Rodrigues, sud-ouest et sud-est de Maurice).

# Les dépressions

Entre la plage et les platiers, on trouve une étendue d'eau formée de sédiments meubles, la dépression d'arrière-récif, communément (et improprement) appelée lagon dans les îles Mascareignes. Le phénomène des marées y joue un rôle important. A marée montante, une eau claire entre dans le lagon et les sédiments apportés par les rives sont évacués à marée descendante. Le fond du lagon est souvent composé de sédiments meubles. Les lagons peuvent héberger des herbiers, des buissons de madréporaires ...

On rencontre de belles colonies tabulaires d'*Acropora cf. hyacinthus*.

**Du lagon...**
Parce que le squelette fabriqué par les coraux est constitué de calcaire, ceux-ci étaient prélevés dans les lagons pour la fabrication de la chaux. L'extraction intensive des coraux à des fins industrielles a fortement contribué à l'appauvrissement de la plupart des lagons de La Réunion.

Belle Mare sur la côte ouest à l'île Maurice

Pointe au sel à Saint-Leu à La Réunion

**...au four à chaux**
Un arrêté préfectoral de juin 1969 interdit la récolte du corail dans les lagons de l'île de La Réunion. La présence de tourelles témoignent de l'activité.

**Une eau peu profonde**
La profondeur n'excède pas 1,50 m à 2 m à La Réunion, 2 à 4 m à Rodrigues et à Maurice.

**Des coraux épars**
Dans cette partie du récif, on trouve ça et là des coraux et en particulier des acropores. Autour des colonies virevoltent des poissons-demoiselles à trois bandes noires *Dascyllus aruanus* et des idoles *Maures Zanclus cornutus*.

# d'arrière-récif

(1)

(2)

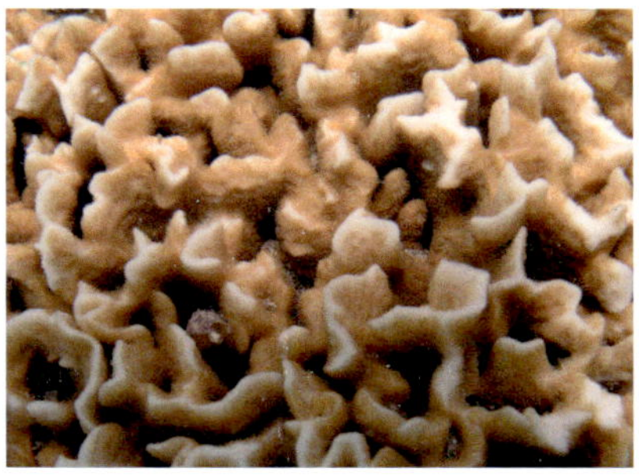

(3)

(4)

**Des patates de Porites**
Dans les parties les plus profondes, le lagon est colonisé par de grandes patates de corail massif appartenant essentiellement au genre *Porites* ou *Synarea* (1), enrichies par des colonies encroûtantes ou foliacées de *Montipora* (2), *Pavona* (3) ou de coraux branchus du genre *Pocillopora* (4). Leur partie basale est souvent nécrosée à la suite de la remise en suspension périodique de leur auréole sédimentaire.

**Des chenilles de mer**
Les « boudins noirs » *Holothuria atra* et *H. leucospilota* (ill.) sont des représentants incontournables de la faune des lagons. En participant au recyclage de la matière organique dans les sédiments, ces concombres de mer jouent un rôle primordial dans le récif.

**Des banquettes de Polychètes**
En agglutinant leurs tubes jointifs par des grains de sable, des vers Polychètes (*Phyllochaetopterus sp.*) élaborent sur le fond sableux de véritables banquettes.

Vue aérienne du récif de l'Hermitage à La Réunion

Les platiers récifaux font suite aux formations d'arrière-récif. Ce sont des zones peu profondes, donc fortement éclairées et couramment exposées à l'air pendant la marée basse. Le brassage de l'eau sur les platiers est important. Leur étendue est variable : larges de quelques mètres à La Réunion, ils atteignent deux kilomètres à Rodrigues où on peut observer un véritable platier interne. Celui-ci n'existe qu'à l'état de lambeaux discontinus à Maurice et n'est jamais développé à La Réunion.

# Les platiers

(2)

(1)

### Platier à acropores branchus

Au niveau du platier interne, les acropores forment des buissons denses constitués par 3 ou 4 espèces. *Acropora formosa* (1) constituent de très grandes colonies couvrant plusieurs m². La partie sommitale des branches peut se nécroser à la suite d'émersions répétées lors des grandes marées basses (2).

(1)

### Les grégoires

C'est le domaine incontesté des grégoires (1). *Stegastes nigricans* (2) et *S. lividus* (3) sont des hôtes incontournables de cette zone. Leur territoire est cantonné aux branches mortes des coraux recouvertes d'algues qu'ils défendent avec pugnacité. Agressifs, ces poissons-demoiselles n'hésitent pas à chasser tout intrus de leur territoire, y compris les plongeurs qu'ils mordent sans vergogne.

(2)

(3)

### Un platier à micro-atolls

Dans les zones calmes, mais où la circulation d'eau est suffisamment active, se développent des micro-atolls de coraux massifs appartenant au genre *Porites* (Maurice et Rodrigues) et *Synarea* (La Réunion). La partie supérieure exondable déprimée forme un micro-lagon colonisé par des algues, des bénitiers et des oursins. Le récif de l'Étang-Salé présente un faciès à micro-atolls unique dans les Mascareignes.

(1) (2)

## Zourite

Commune sur les platiers où elle est pêchée, la pieuvre *Octopus sp.* (ourite ou zourite) se faufile dans toutes les anfractuosités du récif (1). Elle possède un oeil très évolué, doté d'un iris et d'un cristallin (2) qui lui permet d'avoir une excellente vision. Elle a aussi la capacité de changer de couleur et d'adapter sa livrée à l'environnement.

# récifaux

## Le poisson-flûte

L'aiguillette de fond *Fistularia commersonii* nage juste au-dessus du récif, en solitaire ou rassemblé en bancs. Il se nourrit de poissons et de crustacés qu'il happe avec son museau en pipette.

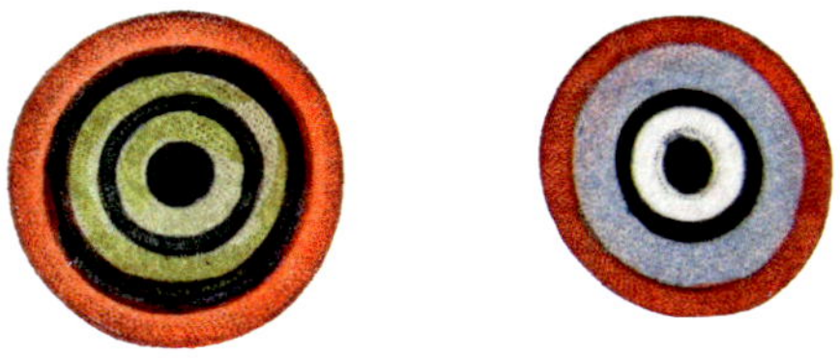

## Des bancs de moules tropicales

Les modioles *Modiolus auriculatus* vivent en colonies sur le fond sableux, dans les zones très agitées. Elles forment à certains endroits de véritables banquettes.

## Les yeux du strombe

Comme la plupart des autres membres de sa famille, *Strombus lentiginosus* a des yeux bien développés et un opercule corné long et pointu qu'il utilise pour se retourner avec agilité. Herbivore, il consomme les algues microscopiques qui poussent sur le récif.

## La carangaise gros pois

*Carpilius maculatus* est un grand crabe qui se cache le jour dans les anfractuosités du platier. La nuit, il s'aventure sur le récif pour chercher sa nourriture.

## La seconde vie de la coquille du strombe

À la mort du mollusque, la coquille va être utilisée par les bernard-l'ermite (ill. *Dardanus lagopodes*). Ces crustacés doivent absolument protéger leur abdomen mou des prédateurs. À mesure qu'il grandit l'animal doit changer d'habitation pour adapter la coquille à sa nouvelle taille.

## Le coquillage crapaud

*Tutufa bubo* doit son nom à sa coquille verruqueuse et pustuleuse, cachée sous une croûte d'algues calcaires. Ce grand coquillage (plus de 20 cm de long) est un amateur de vers qu'il anesthésie dans leurs tubes avant de les aspirer avec sa trompe.

## La discrète cigale de mer

*Parribacus antarcticus* vit dans les trous et crevasses du récif le jour et sort la nuit pour rechercher les mollusques, vers et autres petits animaux qui abondent sur le récif. Il doit à ses antennes larges et aplaties, son nom créole de « homard savate ».

## Des panaches en hélice des sabelles

Ces vers spirobranches vivent dans des tubes muqueux sans opercule. La partie antérieure du corps porte de nombreux filaments garnis de cils qui forment un panache branchial hélicoïdal qui s'épanouit pour capter l'oxygène de l'eau et piéger les particules alimentaires en suspension.

Le front récifal, ou platier récifal externe, est la transition entre la pente externe et le platier. Cette étroite zone de passage est fortement brassée par les vagues qui viennent s'y fracasser. Le peuplement corallien est fortement concurrencé par les algues calcaires qui forment des encroûtements. La faune associée est moins diversifiée que sur les platiers.

# La zone de déferlement

Le brassage des eaux est particulièrement important dans cette zone.

### Coraux de feu

Sur les flancs des sillons des chenaux croissent, perpendiculairement à la houle et aux courants, de fortes colonies de l'hydraire *Millepora sp.* . Gare à l'imprudent qui s'en approche de trop près. Les polypes déchargent dans la peau leurs cellules urticantes, causant des brûlures fort désagréables.

### Des anémones de cuir encroûtantes

Les zoanthaires appartenant au genre *Palythoa* (1) ou *Zoanthus* (2) sont fréquents dans cette zone. À Maurice, ils peuvent parfois envahir la partie la plus externe du platier. Les polypes de ces anémones coloniales sont reliés entre eux par une masse commune. Épanouis le jour, leurs courts tentacules sont rétractés la nuit.

(1)

(2)

(1)

(2)

(3)

### Des tapis de coraux mous

Par endroits, les coraux mous du genre *Sinularia* (1), *Lobophytum* et *Sarcophyton* (2- polypes rétractés et 3- polypes épanouis) peuvent former de véritables tapis à la consistance élastique qui couvrent le substrat sur plusieurs m² (1).

**Des coquilles porcelaines**

Les porcelaines broutent les algues du récif. La porcelaine mauritienne *Mauritia mauritiana* (1- un juvénile) vit exposée sur le substrat du récif, tandis que la porcelaine à tête de serpent *Cypraea caputserpentis* (2) reste cachée dans un trou, sous une pierre ou sous des blocs de coraux morts.

(1)

(2)

# des vagues

(1)

(2)

**Des burgots**

*Turbo argystomus* (1) vit uniquement dans les zones battues. On trouve souvent rejeté sur la plage l'opercule calcaire (2) qui referme l'ouverture lorsque l'animal se rétracte au fond de sa coquille.

(2)

(1)

(3)

**Des oursins crayons**

Deux espèces colonisent les anfractuosités les plus battues des fronts récifaux : *Heterocentrotus mammillatus* (1) aux piquants massifs et de section ovalaire, *Heterocentrotus trigonarius* (2) aux piquants plus fins et de section triangulaire. Ces oursins sont fortement ancrés au substrat grâce aux ventouses de leurs pieds ambulacraires. En cas de retournement de l'animal sur le dos, ceux-ci interviennent rapidement pour le remettre en position et l'ancrer à son support (3). Ils se déplacent la nuit pour brouter les algues. Leurs piquants calcaires et épais ont servi de crayons d'ardoise.

(3)

(4)

**Des poissons qui résistent à la houle**

Peu de poissons vivent dans ce milieu agité soumis au ressac de la houle. On y rencontre typiquement, le chirurgien à lignes bleues *Acanthurus lineatus* (1), la girelle paon clown *Thalassoma trilobatum* (2), la petite blennie châtaigne *Cirripectes castaneus* (3) et la demoiselle de zone de déferlement *Chrysiptera leucopoma* (4).

(1)

(2)

**L' holothurie brune des brisants**

*Actinopyga mauritiana* (1) est fortement ancrée au substrat par ses pieds ambulacraires ventraux de couleur blanche (2).

**L'horizon supérieur des éperons**

De 0 à -15 m, le sommet des éperons est caractérisé par une grande diversité de coraux, de nombreux genres y sont représentés. C'est la zone de croissance maximale du récif. La faune y est aussi très diversifiée. À l'horizon intermédiaire, le peuplement est essentiellement constitué par des coraux massifs ou des formes encroûtantes de grande taille.

# Les éperons et les sillons

La pente externe a une forte déclivité. Elle est soumise à un fort hydrodynamisme qui décroît en profondeur. Sa partie supérieure comporte une alternance de crêtes bioconstruites riches en coraux (les éperons), et de sillons, couverts de blocs et de débris, perpendiculaires au front du récif. C'est la zone de croissance active du récif où s'exprime la plus belle diversité animale. Elle présente donc un intérêt primordial pour l'ensemble de l'écosystème récifal.

**L'attaque du cône aulique**

Comme tous les représentants du genre, *Conus aulicus* est un redoutable prédateur : il foudroie sa proie en lui injectant par sa trompe des dards venimeux. Cette petite athérine, totalement tétanisée, sera vite avalée et digérée.

**Un crabe « horrible »**

Avec sa carapace rugueuse et ses pinces hérissées de pustules et de piquants, *Daldorfia horrida* est difficile à repérer dans les débris coralliens, malgré sa grande taille (la carapace peut atteindre 26 cm dans sa plus grande largeur).

**Des coquillages du sable**

*Mitra mitra* (1), *Terebra maculata* (2), *Rhinoclavis diadema* (3) et *Oliva sp.* (4) sont des représentants de l'endofaune qui vit le jour enfouie à faible profondeur dans le sable et sort la nuit pour chasser.

(1)

(2)

(3)

(4)

### Écouvillons et plumes de mer

Si l'axe du corail noir en forme de goupillon est corné (1), les polypes des plumes de mer (2-pennatule et 3-virgule) sont disposés en rameaux autour d'un axe principal rattaché à un pied musculeux. Celui-ci reste dans le sable et maintient l'animal. La nuit, les polypes épanouis dans le courant filtrent les animaux du plancton.

(1)

(2)

(3)

### Dans les sillons

Le sable corallien qui constitue le plancher des sillons, abrite toute une faune très discrète, que l'on voit rarement au cours d'une plongée diurne. Ces animaux vivent enfouis dans le sédiment et n'en sortent que la nuit pour rechercher leur nourriture.

# de la pente externe

### Le piège du cérianthe

Le corps allongé, protégé par un tube souple fibreux, est enfoncé dans le sable jusqu'au disque buccal. Plaqués contre le fond, les tentacules constituent un piège à particules.

### Des crustacés aux mœurs nocturnes

Bon nombre de crustacés qui vivent dans cette partie du récif se cachent la journée dans les fissures et les anfractuosités du récif. Ils sortent de leurs cachettes la nuit et partent en maraude à la recherche de leurs proies.

### La squille boxeuse

*Odontodactylus scyllarus* est un redoutable prédateur qui matraque ses proies avec ses pattes mâchoires en forme de massue, ornées de dents acérées. Lorsqu'elle ne parcourt pas le récif, la squille vit dans une galerie qu'elle aménage en transportant avec ses pattes-mâchoires des coquilles et des débris.

### Les éboueurs du récif

Les langoustes (ill. *Panulirus longipes*) sortent de leurs crevasses la nuit pour rechercher les cadavres en décomposition qu'elle détectent avec leurs antennules fourchues, ornées de soies olfactives qu'elles agitent constamment.

### La crevette marbrée

*Saron marmoratus* abonde dans les zones coralliennes riches des platiers et de l'horizon supérieur des éperons.

Fausse-passe de l'Hermitage à La Réunion.

Certains sillons majeurs de la pente externe se poursuivent en direction du platier récifal. Ces interruptions dans le récif permettent le transport des sédiments de la plage et la sortie des eaux arrière-récifales. Le lagon se remplit et se vide en fonction du cycle de la marée et des vagues. Les passes sont donc soumises à de forts courants (8 nœuds). Les eaux riches en plancton attirent de nombreux prédateurs pélagiques. Sur les tombants des passes, l'espace est densément occupé. Y prospèrent des organismes filtreurs, comme les gorgones et les alcyonnaires. Aux endroits qui subissent les forts courants de marée, les fonds constitués de sables et de galets, sont dépourvus de faune.

# Les passes

**Une grosse bêche de mer**

Aux abords des passes, on peut trouver *Thelenota ananas*, une grosse holothurie qui peut atteindre 60 cm de longueur. Elle est remarquable à sa section plutôt carrée et aux expansions qui ornent son corps.

**Le lambi à 7 pointes**

*Lambis truncata* est une espèce assez ubiquiste qui vit aussi bien dans les passes que sur la pente externe.

**Les poissons chauves-souris**

Ils affectionnent les eaux des passes et des estuaires, là où l'eau douce se mêle à l'eau de mer. Ces petites bandes de jeunes *Platax orbicularis* nagent avec élégance, leurs grandes nageoires évoquant les ailes des chauves-souris.

**La raie aigle**

*Aetobatus narinari* recherche dans les sédiments mollusques et crustacés qu'elle broie de ses mâchoires puissantes garnies de dents aplaties sur plusieurs rangées.

**Le requin nourrice fauve**

Il est courant de voir ce requin posé sur le fond des passes pendant la journée, face au courant. La nuit, il chasse les petits poissons qu'il déloge du sable avec ses barbillons nasaux. *Nebrius ferrigineus* est peu agressif, si on ne le dérange pas.

### Des champs d'anémones

Aux abords de la passe de Port-Sud-Est, on trouve une extraordinaire concentration d'anémones *Heteractis magnifica* dont les tentacules bougent au gré des courants, révélant la magnifique couleur rouge ou mauve de leurs pieds.

(1)

(2)

### Une faune variée

De nombreux petits invertébrés comme cette porcelaine tigre *Cypraea tigris* (1) ou ce nudibranche *Philidiella meandrina* (2) fréquentent le haut des passes.

### La place est chère

Coraux, millépores et alcyonnaires se concurrencent sauvagement, recouvrant tout le substrat.

# et les fausses-passes

Les passes peuvent atteindre la profondeur de 40 m à Rodrigues et même 50 m à Maurice (passes de North et South entrances au sud-est).

Les deux passes de l'anse Saint-Martin au sud de Maurice.

Grande passe Port-Sud-Est à Rodrigues.

### Les animaux de pleine eau

Les eaux riches en plancton attirent de nombreuses espèces pélagiques. On y rencontre une concentration spectaculaire d'espèces : tortues, requins, raies, thons, barracudas, carangues.

(1)

### La ronde du requin pointes noires

Le requin *Carcharinus melanopterus* fréquente la pente externe et les passes où il trouve ses proies habituelles, mulets, perroquets et autres poissons.

(2)

### Les bancs de poissons

Les carangues gros yeux *Caranx sexfasciatus* (1) et les barracudas *Sphyraena barracuda* (2) ont, comme la plupart des poissons pélagiques, un corps argenté. Ils forment des bancs de plusieurs dizaines ou centaines d'individus, surtout lorsqu'ils sont jeunes, qui chassent dans les passes.

(1)

(2)

# Les tombants et

À certains endroits du récif, l'érosion marine a creusé des grottes et des tombants. La lumière a du mal à y pénétrer. Aussi, les peuplements que l'on y trouve sont bien différents de ceux de la crête récifale, là où la lumière du soleil arrive en abondance. Le substrat est colonisé par des espèces qui préfèrent une faible luminosité : on les appelle des espèces sciaphiles.

### À l'abri sous les surplombs

Beaucoup de poissons actifs pendant la nuit, se cachent pendant la journée sous les surplombs des grottes et des tombants, comme ces poissons-soldats *Myripristis berndti* (1) et ces poissons-hachettes *Pempheris oualensis* (2).

(1) (2) (3)

### Les éventails de la mer

Sur la partie extérieure des tombants, c'est le domaine des grandes gorgones *Anella mollis* (1). On y rencontre aussi des gorgones plus discrètes aux polypes rétractés (2) ou qui s'épanouissent pour capturer les minuscules organismes du plancton (3).

Éponge rouge *Ulosa rubra*

Hydraire *Distichopora sp*

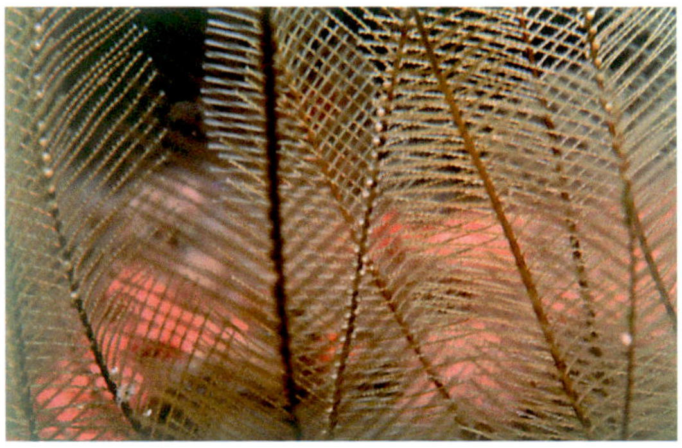

Colonie d'hydraires

### Toute une faune fixée

Lorsque l'éclairement devient trop réduit, le substrat est colonisé par des algues calcaires encroûtantes et par toute une faune d'organismes sessiles (qui ne se déplacent pas) et sciaphiles. Éponges, hydraires et ascidies forment de véritables tapis.

# les grottes

(1)

(2)

### Des coquillages filtreurs

L'huître crête de coq *Lopha cristagalli* (1) et le spondyle *Spondylus sp.* (2) ont les coquilles recouvertes de nombreux organismes, éponges, hydraires...
Les valves entrouvertes du spondyle révèlent le manteau de l'animal aux couleurs chatoyantes.
Ces deux espèces se nourrissent des animaux planctoniques retenus dans l'eau de mer qu'elles filtrent en permanence.

### Le tombant, mon territoire !

Le poisson-ange à trois taches *Apolemichthys trimaculatus* est très territorial. Il fréquente les tombants sur lesquels abondent éponges et ascidies dont il se nourrit.

### Des crevettes danseuses

Les surplombs richement colonisés abritent de jolies crevettes *Rhynchocinetes durbanensis*.
Ces crevettes très mobiles sont souvent assemblées en groupes pouvant compter une centaine d'individus.

### En attente des clients

Ce couple de crevettes nettoyeuses fantômes *Stenopus pyrsonotus* se tiennent près de leur abri. En agitant leurs longues antennes blanches, elles se signalent à leurs clients potentiels. Elles jouent un rôle important dans le déparasitage des poissons du récif.

Un buisson de corail noir
*Antipathes sp.* émerge de la dalle.

Le glacis correspond à une pente modérée en avant du récif, entre -30 et -50 m de profondeur dans les Mascareignes. À l'île Maurice, la couverture corallienne peut atteindre 80 %. À La Réunion et à Rodrigues, où elle n'excède pas 10 %, elle est souvent recouverte par une plaine sableuse d'où émergent des lambeaux du socle basaltique avec quelques coraux épars. À La Réunion, des algues calcaires de la famille des Mélobésiées poussent librement sur la dalle. Roulées par les courants, elles grandissent dans toutes les directions et forment alors des petites boules appelées nodules de mélobésiées.

# Le glacis, là où

(1)

**Les belles crinoïdes**
Perchées sur une petite gorgone (1) ou sur un corail (2), les comatules étendent leurs bras dans le courant pour capturer les petits animaux du plancton.

(2)

**Des clones de « fouets de mer »**
Les eaux calmes du glacis sont favorables à la présence de gorgones constituées d'un axe corné unique de couleur rouge *Junceela rubra*. En général, les polypes sont rétractés pendant la journée et s'ouvrent la nuit lorsque remonte le zooplancton dont se nourrissent ces animaux filtreurs. Hautes de près d'un mètre, les *Junceela* se reproduisent essentiellement par étranglement de l'extrémité qui se sépare alors et tombe sur le fond pour reconstituer une nouvelle colonie. C'est pourquoi les *Junceela* sont souvent en petits groupes, clones les uns des autres.

(1)

(2)

**Le domaine des mérous**
Nombreux sont les mérous qui fréquentent le récif au-delà de la profondeur de 40 m. La vieille dorée *Cephalopholis aurentia* (1) et le risdael *Epinephelus microspilos* (2) figurent parmi les plus beaux représentants de la famille des Serranidae.

(1)

(2)

## Les coraux du glacis

Dans cette zone dominée par le bleu, on trouve des espèces qui sont adaptées à un éclairement réduit.
Les formes massives et encroûtantes sont les plus nombreuses. Les belles coupes de *Turbinaria peltata* sont caractéristiques de cette zone (1). Un épervier lutin *Cirrhitichthys oxycephalus* perche sur le bord de la coupe, prêt à fondre sur sa proie (2).

Les coraux du genre *Lobophyllia* ont des calices profonds et entourés d'un mur épais.

*Pachyseris speciosa* s'étale en grandes lames aux plis parallèles.

# finit le récif

## Les diodons à taches auréolées

Ils se cachent le jour et s'activent la nuit pour rechercher les petits animaux qui vivent dans le sable. S'ils sont dérangés, les bouff'tang *Diodon litturosus* se gonflent d'eau, hérissant ainsi leurs longues épines.

## Un faux corail noir

Ce corail arborescent est parfois, à tort, appelé corail noir en raison de la coloration vert-brun foncé du mucus produit par la colonie. On trouve *Tubastrea micrantha* sur les dalles régulièrement soumises à des courants.

## Un poisson-scorpion aux aguets

Immobile, bien camouflé parmi les pierres et les nodules de mélobésiées, le poisson-scorpion à houppes *Scorpaenopsis oxycephala* attend patiemment qu'un poisson ou qu'un crabe passe à proximité. Il lui suffit alors d'ouvrir sa grande bouche. La dépression provoquée par ce mouvement suffit à aspirer la proie directement dans la gueule du poisson.

## La coupe et le savon

L'éponge orange *Axinella sp.* est typique du glacis. Un savon barbu *Pogonoperca ocellata* évolue près des fonds. Ce poisson peu farouche doit son nom au goût de savon que donne à sa chair le mucus sécrété par la peau.

## Le souffle du baliste à rides bleues

Le baliste à rides bleues *Pseudobalistes fuscus* fréquente les fonds détritiques du glacis. Il retourne les cailloux et souffle sur le sable pour faire sortir les vers, les coquillages et les crustacés qui y vivent.

Terre-Sainte - sud de La Réunion

Tamarin - sud-ouest de Maurice

Dans les îles volcaniques, comme les Mascareignes, l'assise basaltique sur laquelle s'est construite le récif, affleure çà et là. Dans ces zones, les vagues viennent se briser, parfois avec violence. La faune qui vit dans ce milieu est donc bien adaptée à résister d'une part à l'assaut des vagues et d'autre part à l'exondation intermittente. La très grande majorité des animaux sont des herbivores qui broutent les algues qui poussent sur les rochers.

**Ils se cramponnent**
Oursins, crustacés et mollusques qui abondent sur les rochers, ont en commun une forme qui n'offre aucune prise aux vagues et une forte adhérence au substrat.

# Battues par les vagues,

**Des plaques articulées**
Les chitons sont des mollusques polyplacophores, c'est-à-dire qui portent des plaques. Superposées et articulées entre elles, ces plaques protègent l'animal. Fortement attachés à leur substrat à marée basse, ils s'aventurent à marée haute pour aller à la quête des algues encroûtantes qu'ils broutent grâce à leur puissante langue râpeuse, la radula.

**Nérites et bigorneaux**
À marée basse, ces petits mollusques gastéropodes se rassemblent en se serrant les uns aux autres afin d'éviter la dessiccation. Quand la houle est importante, pour éviter de se faire emporter par les vagues, ils gagnent les anfractuosités et les interstices des rochers.

**Des chapeaux chinois**
Les patelles protègent leur corps sous une coquille en forme de chapeau chinois. Leur pied fortement musclé les maintient fermement sur le rocher. L'eau qui reste entre le chapeau et le pied évite à l'animal le dessèchement en cas d'exondation prolongée.

**Le balane, un crustacé**
Fixée définitivement au rocher, là où la larve s'est posée, la balane est un crustacé dont le corps est entouré d'une muraille de plaques calcaires. C'est un animal suspensivore, qui filtre les particules en suspension dans l'eau de mer et capture le plancton.

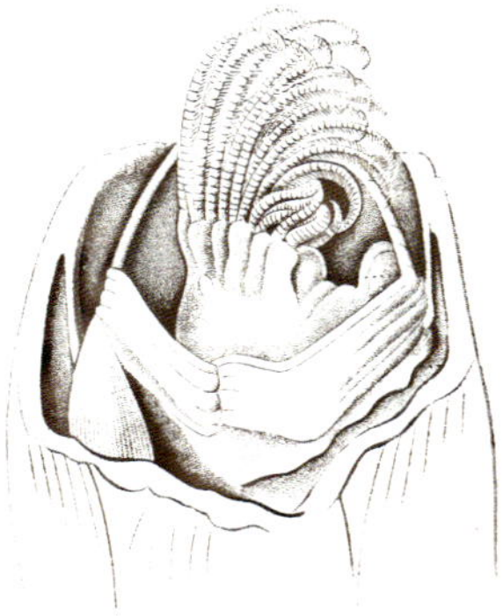

**Bonnet de prêtre**
Malgré les apparences, *Colobocentrotus atratus* est bien un oursin mais ses piquants sont aplatis en plateau sur le sommet du test et en pagaie tout autour. Il est arrimé à son rocher grâce aux fortes ventouses des pieds ambulacraires qui entourent sa bouche. À marée haute, il se déplace pour rechercher sa nourriture.

### Ils courent sur les rochers

Vifs, sautant ou courrant sur les parois des rochers, gobies et crabes sont des hôtes incontournables de ce milieu.

### Les carcassailles

C'est le nom que donnent les Mauriciens à ces crabes qui appartiennent à la famille des Grapsidae. Leur carapace aplatie leur permet de sauter et de se faufiler, tels des saltimbanques, entre les moindres fissures des rochers.

Comme tous les crustacés, *Grapsus tenuicrustatus* doit quitter son ancienne carapace pour grandir : il mue. Le crabe abandonne son exuvie sur les rochers.

# les zones rocheuses

(1)

(2)

(3)

### Les cabots sauteurs

Les blennies sont des poissons dépourvus d'écailles mais leur peau est abondamment enduite de mucus (1), ce qui favorise la respiration cutanée et autorise leur déplacement hors de l'eau. Les blennies à rides *Istiblennius edentulus* sont très agiles. Elles grimpent sur les rochers pour brouter les minuscules algues filamenteuses (2) et se réfugient dans les interstices des rochers à quelques centimètres sous la surface (3).

### Dans les mares de la zone intertidale

Lorsque la mer se retire, il reste toujours en haut des rochers des flaques plus ou moins importantes, où l'eau est renouvelée suivant la puissance des vagues. Ces mares sont colonisées par des algues diverses et toute une petite faune y a trouvé refuge.

(1)

(2)

### Des petits gobies

De nombreuses espèces de gobies, vivent dans ces mares.

### Les petits chirurgiens bagnards

Les juvéniles d'*Acanthurus triostegus* se mettent à l'abri des prédateurs.

### Le poisson-bagnard

Le sergent-major *Abudefduf vaigiensis* vit dans les zones rocheuses et les mares près du rivage. Il peut aussi évoluer en pleine eau et former de grands bancs.

### Les poissons-pavillons

Si les adultes des poissons-pavillons *kuhlia marginata* (1) et *Kulhia mugil* (2) vivent en bancs près des zones rocheuses exposées à la houle aux abords des rochers, les juvéniles se laissent piéger dans les mares.

(1)

(2)

(3)

(4)

# Les mangroves de

La mangrove est un écosystème à l'interface entre le milieu terrestre et le milieu marin. C'est l'un des systèmes biologiques les plus riches et les plus productifs du monde, qui abrite une faune abondante et variée. Véritables zones de reproduction et de nourricerie, les mangroves jouent un rôle important dans la fixation des sédiments, évitant aux récifs d'être recouverts de vase et donc de dépérir. Elle protège les côtes contre les tempêtes et contre l'érosion. Les mangroves sont des milieux à très forte valeur économique (supérieure aux récifs coralliens) et les populations côtières y trouvent des ressources non négligeables.

### Une forêt de palétuviers

À l'île Maurice, la mangrove est surtout développée aux embouchures de rivières qui l'alimentent en sédiments. La mangrove forme parfois une véritable forêt de palétuviers à Poudre d'or (1) et à Pointe d'Esny (2). Dominent deux espèces, *Rhizophora mucronata* (3) et *Bruguiera gymnorhiza* (4).
Les palétuviers sont particulièrement adaptés aux conditions écologiques très difficiles de ce milieu :

- une salinité très variable en fonction des apports en eau douce, voire en eau salée comme ici à Poste de Flacq (5),
- une eau pauvre en oxygène,
- un substrat meuble et instable
- une alternance exondation/inondation due au flux et reflux des marées, entraînant des périodes prolongées de dessiccation et d'immersion.

### Une nurserie

Les mangroves sont de véritables nurseries. Les larves de nombreuses espèces de poissons et de crustacés profitent de l'abondante nourriture disponible dans cet écosystème.
La turbidité de l'eau leur procure aussi un écran de protection vis-à-vis des prédateurs qui ont plus de difficultés à localiser leurs proies dans ces eaux troubles.

### Le poisson marcheur

Le périophthalme est un curieux poisson aux yeux exorbités et placés hauts sur la tête. Ses nageoires pectorales modifiées lui permettent de ramper sur les branches des palétuviers. Ce gobie est également adapté à une respiration aérienne.

### Des coquillages sur les palétuviers

Les racines et les troncs des palétuviers servent de support à des huîtres (1) et à des mollusques gastéropodes *Littorina scabra* (2 et 3). Les huîtres sont consommées à Maurice.

(1)

(2)

(3)

**Restaurer la mangrove**

Dans la baie de Rivière Noire (6) à l'île Maurice et dans la baie Malgache sur la côte nord de Rodrigues (7) des palétuviers ont été plantés, ou replantés, pour combattre l'érosion des sols et retenir les sédiments qui, petit à petit, étouffaient les coraux du récif en aval.
Les racines en échasses des jeunes *Rhizophora mucronata*, non seulement permettent un ancrage dans les substrats vaseux, mais donnent aussi aux végétaux une certaine souplesse qui leur permettent de résister aux mouvements de flux et de reflux des marées.
En retenant les éléments en suspension, la mangrove favorise la clarification de l'eau, essentielle aux coraux.

(5)

(6)

(7)

# Maurice et de Rodrigues

**Le crabe la boue**

*Scylla serrata* est un gros crabe dont la carapace peut mesurer 16 cm de largeur. Il vit dans la boue, parmi les racines immergées des palétuviers.

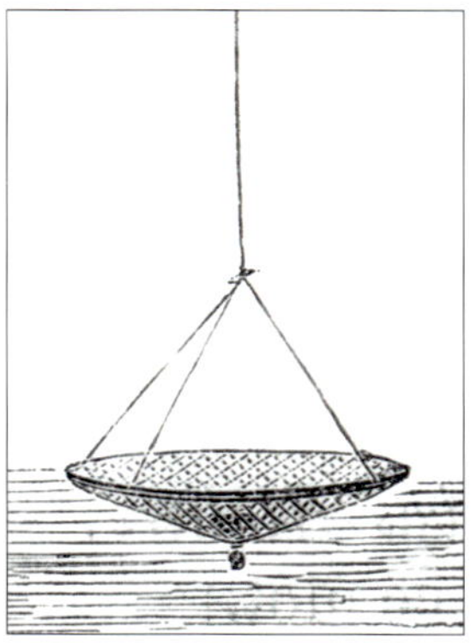

**La pêche au carrelet**

À l'île Maurice, on pêche ce crabe à l'aide d'un carrelet au fond duquel on a pris soin de placer un morceau de poisson ou de la viande faisandée. Cette méthode de pêche lui vaut son autre nom mauricien « crabe carrelet ».

**Des crabes violonistes**

Les mâles des crabes de mangroves tentent de séduire les femelles en agitant leur énorme pince et en les rabattant devant eux comme s'ils battent leur coulpe. C'est pourquoi, on les appelle aussi « crabes c'est ma faute ». À l'île Maurice, si *Uca tetragonon* est sans conteste le plus beau avec sa carapace bleue et ses pattes rouge-orange, deux autres espèces se partagent la vase de la mangrove : *Uca annulipes* et *Uca marionis*.

# La construction du récif

C'est parce qu'ils sont capables de fixer une quantité considérable de calcaire que les coraux ont pu construire ces édifices sans commune mesure dans le monde vivant. En effet, cette production abondante de calcaire permet, non seulement de réparer les dégâts causés par la houle, mais contribue aussi à une croissance constante des colonies, augmentant les surfaces colonisées, la productivité et la biomasse (la matière vivante), le nombre de niches écologiques ainsi que le nombre d'espèces. Mais ces coraux exigent des conditions de vie très strictes : une eau particulièrement claire, sans matières en suspension, bien oxygénée, une salinité relativement constante et une température optimale comprise entre 20°C et 30°C. C'est pourquoi les récifs coralliens se répartissent dans la zone intertropicale.
Si les coraux fournissent la trame principale du récif, d'autres organismes fixent également de grandes quantités de carbonate de calcium et cimentent les différents compartiments du récif, comme par exemple les algues calcaires.
Mais l'édification s'accompagne également de phénomènes d'érosion. Ainsi, la structure et l'architecture des récifs apparaissent comme le résultat de l'interaction entre la croissance récifale et l'érosion.

# Les coraux des

Les récifs coralliens des Mascareignes renferment une richesse spécifique et une biodiversité remarquables. Les 189 espèces de coraux se répartissent en 14 familles et 53 genres. L'île Maurice compte 161 espèces, La Réunion 148 espèces et Rodrigues 132 espèces.

**Un répartition sélective**
Le corail bulle *Plerogyra sinuosa* est une espèce à large répartition indo-Pacifique. Dans les Mascareignes, on le trouve dans les milieux abrités très calmes, comme la baie de Mahébourg à l'île Maurice.

Les genres qui contiennent le plus d'espèces dans les Mascareignes sont :

*Acropora* (40)

*Montipora* (15)

*Pavona* (10)

*Favites* (8)

**Coraux qui roulent…**
Sous l'action des violentes vagues les coraux solitaires, tels ces *Fungia scutaria* (1), se retournent constamment. Ils ont alors tendance à croître en boule (2) et (3).

(1)

(2)

(3)

# Mascareignes

### Les deux morphes du *Pocillopora damicornis*

Lorsqu'elles vivent dans les eaux calmes du lagon, les petites colonies roses de *Pocillopora damicornis* ont des branches fines et fragiles (1). Les branches des colonies que l'on trouve sur les platiers (2) sont plus massives et résistent mieux à l'action des vagues qui peuvent se faire sentir dans la zone des éperons.

(1) (2)

### Les différentes formes des colonies coralliennes

Si la forme des colonies coralliennes est programmée par leur patrimoine génétique, elle est également façonnée par deux autres facteurs majeurs : les conditions hydrodynamiques et l'éclairement. On trouvera davantage les coraux aux branches fragiles dans les zones calmes tandis que les coraux massifs sont plus aptes à supporter l'action des vagues.

### Coraux branchus

Ils ont des branches nombreuses et ramifiées. Relativement fragiles, on les trouve dans les milieux calmes du platier compact. Elles sont peu adaptées à des faibles éclairements et à des conditions de fort hydrodynamisme.

*Seriatopora hyxtrix*

### Coraux digités

Contrairement aux coraux branchus, les « doigts » n'ont pas de ramifications secondaires. Ils sont fréquents dans les zones battues.

*Porites cf. nigrescens*

### Coraux tabulaires

En profondeur, la forme tabulaire permet d'augmenter la surface d'exposition à la lumière. L'accès des tentacules au zooplancton en est facilité.

*Acropora cf. hyacinthus*

### Coraux foliacés

Fragiles, ces coraux s'étendent à la lumière. Leurs circonvolutions accroissent de manière sensible leur superficie. Présents dans les fonds de lagon et les baies abritées.

*Echinopora lamellosa*

### Coraux encroûtants

Ils croissent lentement et adhèrent fortement au substrat rocheux. Ils résistent très bien aux violentes tempêtes. Ils semblent bien adaptés aux faibles valeurs d'éclairement.

*Montipora sp.*

### Coraux massifs

En forme de boule, ils sont relativement solides mais ne supportent pas le déferlement violent. Leur croissance est plutôt lente. Ils vivent surtout dans des zones de courant ou dans des milieux faiblement agités.

*Platygyra daedalea*

**Sexe sur le récif**
La plupart des coraux sont hermaphrodites, c'est-à-dire qu'ils portent à la fois les cellules sexuelles mâles (spermatozoïdes) et femelles (ovules). Chez quelques espèces, les sexes sont séparés : il y a des colonies mâles et des colonies femelles.

Au tout début de l'été austral, 2 à 5 jours après la pleine lune, la mer se recouvre de millions de petites boules rosées qui flottent à la surface, formant de véritables nuages, à l'odeur iodée caractéristique, qui dérivent au gré des courants. Nuits fastes pour le récif, les coraux viennent de pondre!

**La rencontre des gamètes**
Parfois elle se fait à l'intérieur de la cavité gastrique du polype : on dit que la fécondation est interne. Sort alors de la bouche du polype un œuf déjà fécondé. Elle peut également se passer en pleine eau. L'émission de façon synchrone des spermatozoïdes et des ovules favorise la fécondation qui, dans ce cas, est externe.

# Quand la mer

**Comme des bulles de champagne!**
Quelques heures après le coucher du soleil, comme une symphonie bien réglée, des centaines, des milliers, des millions de petites boules rosées s'échappent de la bouche des polypes et montent à la surface.

**Vite, c'est la marée !**
Il semble qu'outre la phase lunaire, d'autres facteurs orchestrent ce ballet, comme la température de l'eau, la longueur de la durée du jour et la marée. La ponte démarre à l'étale de la marée basse, c'est-à-dire lorsque la mer commence à remonter. Le courant généré par la marée assure la dispersion des œufs.

(1) (2) (3)

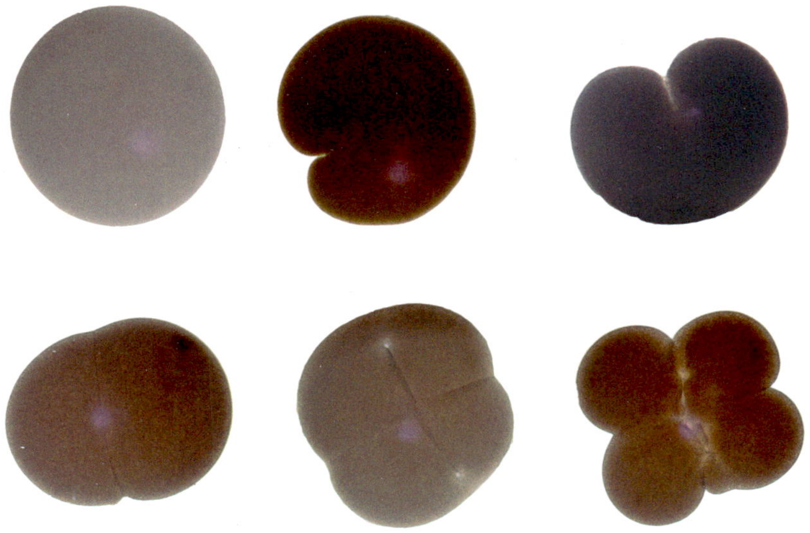

(4) (5) (6)

### L'œuf se divise

Peu de temps après la ponte, la cellule œuf (1) se divise en 2 (2,3,4) puis 4 (5 et 6), puis 8, puis... jusqu'à donner naissance à une larve allongée, appelée planula, capable de se mouvoir grâce aux cils qui entoure son corps.

### Au gré des courants

La larve va mener une vie planctonique, pendant quelques jours à plusieurs semaines, selon les espèces. Transportée par les courants, elle va conquérir de nouveaux milieux... si elle échappe à l'appétit d'un prédateur!

# devient rosée...

### À la conquête du substrat

Le moment venu, la larve planula se laisse couler. Si elle a la chance de tomber sur un substrat solide, elle va se fixer. Commencent alors des transformations internes qui vont faire d'elle un polype solitaire. Elle commence par perdre ses cils et s'étale. Le pharynx se creuse et les tentacules se développent : elles seront au nombre de 6, 12, ou encore de 24... ce qui caractérise l'appartenance des coraux au groupe des Hexacoralliaires.

Ces colonies de *Pocillopra damicornis* ont colonisé un corps mort du bassin pirogues de l'Étang-Salé.

### Des coraux sur des orins

Habituellement, il n'y a pas de coraux en baie de Saint-Paul dont le fond est constitué de sable basaltique. Entraînées depuis la zone récifale, des larves de coraux se sont installées sur les orins des cages d'aquaculture.

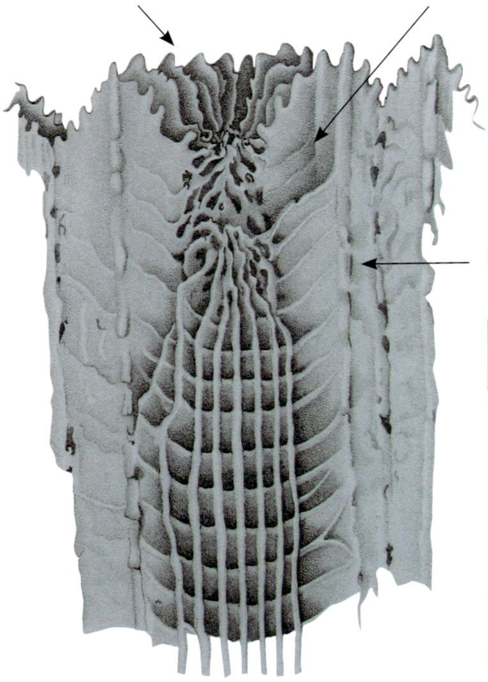


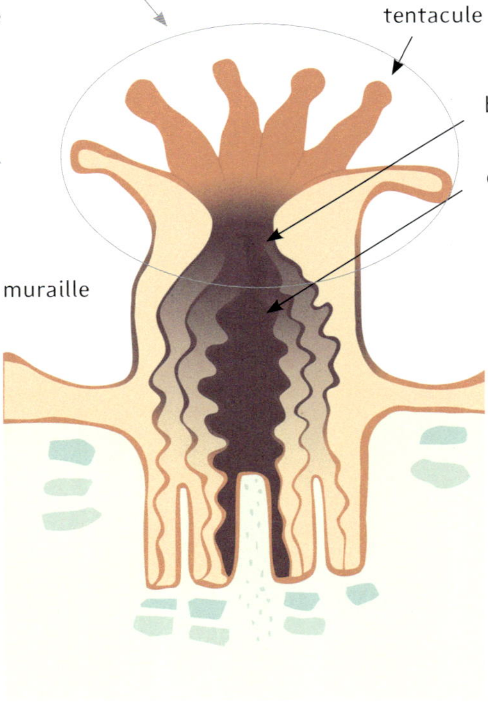


Une fois que la larve a trouvé un support solide, elle doit se fixer définitivement avant d'être emportée par un courant malencontreux. Le polype construit d'abord un disque à sa base qu'il entoure ensuite d'une muraille qui délimite au sommet un calice. Il va consolider ce petit donjon en bâtissant un étage, puis plusieurs, occupant toujours la dernière loge.

# Du polype à

(1)

(2)

**De nouvelles colonies**
La toute jeune colonie d'*Acropora sp.* (1) a d'abord occupé l'espace en s'étalant sur le support avant de croître en hauteur, tandis que ce bébé de *Pocillopora damicornis* (2) s'épanouit en « chou-fleur ».

## Ça bourgeonne !

La plupart des coraux vont, par bourgeonnements successifs, former une colonie.
Le polype se divise et donne naissance à un polype-fils qui, à son tour se divise et donne naissance à un polype-fils, qui à son tour...
Les polypes communiquent les uns avec les autres par leur socle basal, en quelque sorte par leurs pieds !
Le bourgeonnement peut se faire à l'intérieur ou en dehors du calice. La séparation du polype-fils peut être totale ou plus ou moins partielle.

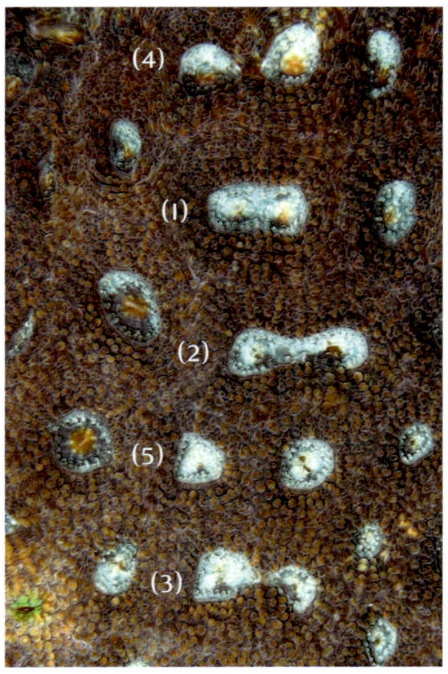


**Un bourgeonnement à l'intérieur des tentacules**
Chez cet *Acanthastrea echinata*, on peut voir les différents stades d'un bourgeonnement intratentaculaire. Le nouveau polype naît au sein du disque oral et à l'intérieur de la couronne de tentacules. La bouche se divise (1), se sépare (2). Les parois du calice s'individualisent (3) pour former deux polypes-fils (4 et 5).

**Un bourgeonnement à l'extérieur du calice**
Chez certaines espèces, comme ce *Favites flexuosa*, ce n'est plus la bouche qui se divise mais le calice. Le bourgeonnement est alors extracalicinal.

### La colonie s'agrandit !

Selon qu'elle s'accroît suivant l'une ou l'autre variété de division,
la colonie va prendre une des multiples formes qui font l'extraordinaire diversité et la richesse des récifs coralliens.

### Agencement du calice :

*phacéloïde*

Les polypes-fils de *Galaxea fascicularis* restent accolés les uns aux autres mais ils sont bien individualisés.

*plocoïde*

Les parois (murailles) des calices de ce *Favia sp.* soudent leurs individualités et sont parfois espacées par un squelette commun.

*céroïde*

Les murailles des calices de ce *Favites sp.* fusionnent entre elles. Il n'y a plus de squelette commun.

*méandroïde*

Les calices des polypes de ce *Platygyra daedalea* ne s'individualisent pas et sont réunies en étroites vallées. Les ouvertures buccales s'alignent en formant des méandres.

# la colonie

### Des coraux libres

Chez les coraux de la famille des *Fungiidae*, les divisions transversales n'engendrent pas de colonies mais des individus isolés.
Les jeunes individus sont attachés au substrat par un pédoncule (1) et (2), leur conférant une allure de champignons (*Fungia* = champignon).
Quand le polype croît, le pédoncule se rompt (3) et le corail devient libre (4) (*ill. Fungia fungites*).

(1)

(2)

(3)

(4)

### Le taux de croissance

Il est très variable selon les différentes espèces.
Chez les coraux branchus (1- *Acropora sp.*),
la croissance peut atteindre 10 à 15 cm par an.
En revanche chez les coraux massifs (2 - *Porites sp.*),
ce taux de croissance ne dépasse guère
un ou deux centimètres par an.
Pour une espèce donnée, la croissance varie
également en fonction de la température et de la lumière.

(2)

(1)

Repousses chez un *Acropora* dont les branches ont été cassées.

### Des coraux solitaires

Dans les baies sableuses de Saint-Paul et de La Possession, on trouve de petits coraux, grands comme l'ongle du pouce, qui vivent en solitaires dans les sédiments.
Ces coraux appartenant aux genres *Heteropsammia* et *Heterocyathus* ne sont pas associés à des zooxanthelles.
On dit qu'ils sont ahermatypiques. Leur croissance est limitée.
Ils ne peuvent donc former un récif corallien.

**Les coraux bâtisseurs de récifs, ou coraux hermatypiques, ont la particularité de posséder à l'intérieur de leurs tissus des algues unicellulaires, les zooxanthelles. Dans des eaux pauvres en nutriments comme les mers tropicales, ces algues fournissent l'énergie nécessaire aux coraux pour édifier des récifs.**

# Coraux-zooxanthelles,

### Des zooxanthelles

Les algues unicellulaires *Symbiodinium microadriaticum* appartiennent à la famille des Dinoflagellés.
Elles vivent dans l'endoderme du corail.
On en dénombre un million par cm².

Zooxanthelles dans un polype d'hydraire

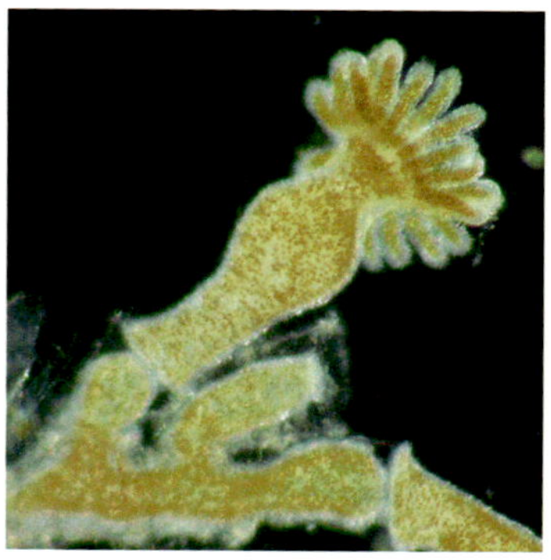

### La photosynthèse

Comme tous les végétaux photosynthétiques, les zooxanthelles sont capables de fabriquer leurs propres matières organiques.
Elles sont autotrophes.
Elles utilisent pour cela les éléments minéraux provenant du métabolisme des cellules du corail.
En retour, elles fournissent divers nutriments à leur hôte, et en particulier des glucides.
La photosynthèse produit un dégagement de dioxygène ($O_2$) qui sera utilisé par le polype pour sa respiration.

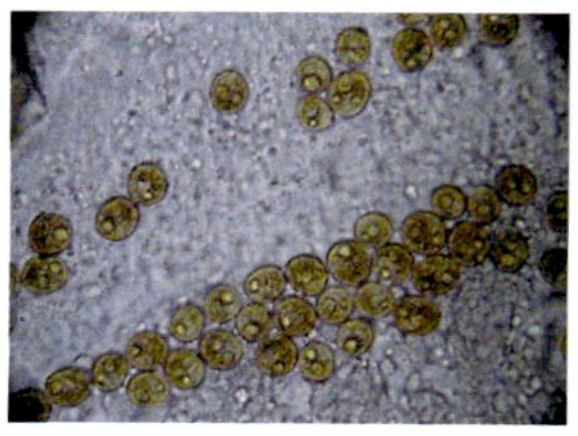

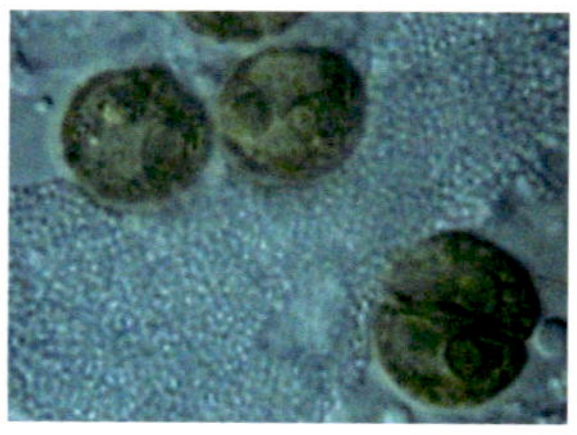

### Un échange de services

Le corail fournit aux algues un environnement protégé et enrichi en éléments minéraux.
Les algues et les cellules de leur hôte procèdent à des échanges très actifs de substances nutritives.
Cette union très étroite permet un recyclage plus efficace de la matière.

### La construction du squelette

Les ions calcium et les carbonates, éléments de base dans la formation du calcaire, abondent dans l'eau de mer, donc dans les cellules coralliennes.
En absorbant le $CO_2$ pour effectuer la photosynthèse, les zooxanthelles augmentent la précipitation du calcium et le dépôt de calcaire, qui sont multipliés par un facteur 10, par rapport aux coraux ahermatypiques démunis d'algues.

**Des coraux colorés**

Le tissu vivant des colonies coralliennes est translucide et leur squelette blanc.
Les colorations brun-jaune des coraux sont dues à la présence des zooxanthelles dans leurs tissus.
Celles-ci contiennent des pigments comme les chlorophylles a et c (pigments verts), des caroténoïdes (pigments jaunes et rouges).
Ces pigments captent l'énergie lumineuse nécessaire à la photosynthèse.
Certains jouent également un rôle de filtre protecteur contre les rayons nocifs des UV.
D'autres pigments (des chromoproteines), responsables de la fluorescence de coraux aux UV, donnent aux tissus une coloration rose ou bleue.

# des partenaires intimes

**La lumière, un facteur limitant**

Seules les espèces de coraux pourvues de zooxanthelles précipitent suffisamment de calcaire pour permettre la croissance des colonies et former des récifs.
Les zooxanthelles ayant besoin de lumière pour effectuer leur photosynthèse, la lumière sera donc un facteur limitant l'extension du récif en profondeur.

**Une association très étroite**

Les coraux qui perdent leurs algues blanchissent, deviennent très fragiles et finissent par mourir s'ils ne récupèrent pas leurs zooxanthelles.
Cette association étroite pour les deux partenaires et qui se passe à l'intérieur de l'hôte, est une endosymbiose.

**La répartition bathymétrique des coraux**

Avec la profondeur, le nombre d'espèces coralliennes, le taux de recouvrement total et le taux de croissance des espèces coralliennes décroissent.
Ceci est en rapport avec la diminution de lumière beaucoup plus qu'avec celles de l'oxygène et de la température.
Dans les Mascareignes, en général au-delà de -50 m, la croissance des coraux est trop faible pour permettre l'édification du récif. Cette profondeur représente donc la limite inférieure du récif.

Cette toute jeune colonie de *Goniopora* étend ses tentacules dans le courant. Au centre la bouche, marquée de rose, est bien visible.

**Les coraux font partie, comme les anémones de mer, les gorgones et les méduses, au groupe des Cnidaires. Ils sont tous formés d'un corps cylindrique qui possède une cavité à une seule ouverture (bouche et anus à la fois) entourée d'une couronne de tentacules. La présence de cellules urticantes, les cnidocytes, a donné son nom au groupe.**

# Cousins, cousines

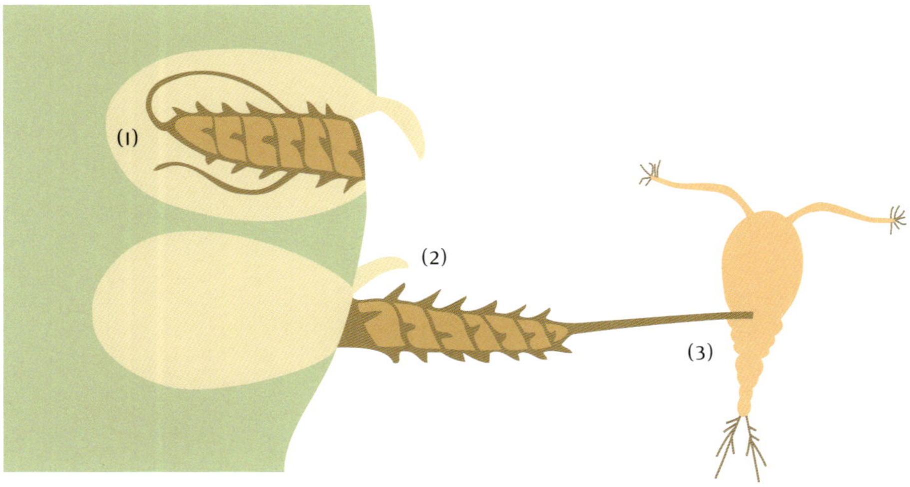


En position (1), le tube et le filament sont invaginés à l'intérieur de la cellule. Qu'un animal passe à proximité, frôle le cnidocil (2), le couvercle de la capsule s'ouvre. Sous la pression, le filament est expulsé. Il s'enfonce dans le corps de la victime comme une aiguille et inocule le venin (3).

### Le cnidocyte, un fusil sous-marin armé d'une seringue

Le cnidocyte est une cellule présente surtout au niveau des tentacules. C'est une arme ingénieuse et redoutablement efficace. Il est constitué d'un filament enroulé autour d'un tube hérissé d'épines qui baigne dans une cavité remplie de poison. Du fusil, il en a la détente et le harpon. En injectant une substance toxique sous pression, il fonctionne comme une seringue hypodermique.

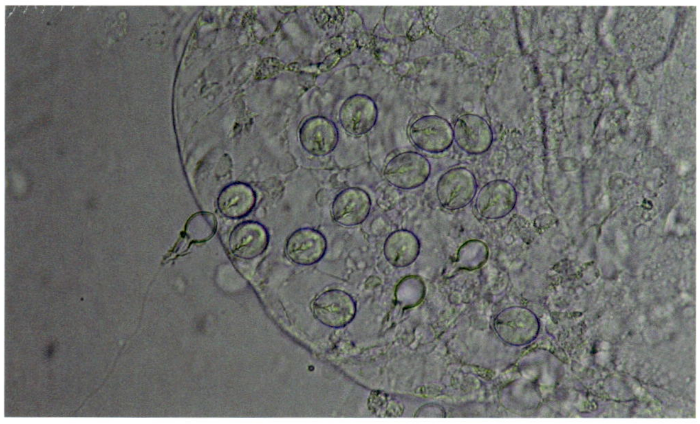

### Des coraux carnivores

La nuit, les polypes des coraux sortent leurs tentacules. Ils profitent de la remontée du zooplancton, plus abondant la nuit. La batterie de cellules urticantes des tentacules entrent en action. Petits vers ou crustacés n'ont aucune chance de s'en sortir s'ils s'aventurent à proximité des polypes coralliens. Ils sont d'abord paralysés par les cnidocytes, puis dirigés vers la bouche soit par les tentacules, soit transportés par un film de mucus secrété par les polypes.

### Le millepore, un corail de feu

Le millepore est particulièrement urticant. Le plongeur imprudent qui aura malencontreusement mis la main (ou une autre partie du corps) au contact d'un millepore s'en souviendra douloureusement. Il ressent immédiatement une vive sensation de brûlure qui va persister plus ou moins longtemps, en fonction du nombre de piqûres qu'il aura subies. Les inflammations s'infectent facilement.

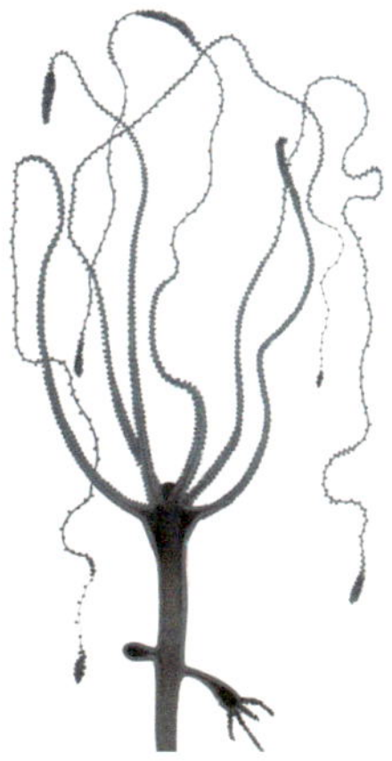

Hydraires

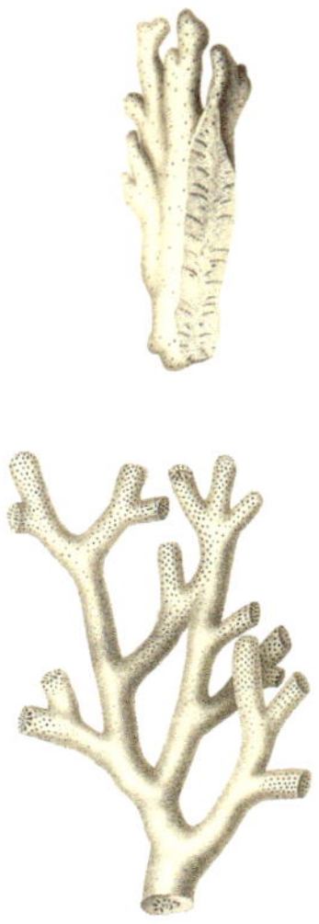

Millepores

Siphonophores
Physalie,
Vélelle et Porpita

Grandes méduses

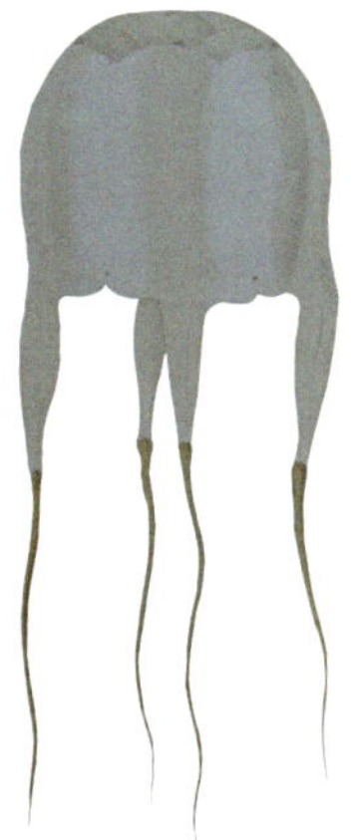

Cuboméduses

HYDROZOAIRES

SCYPHOZOAIRES

CUBOZOAIRES

Alcyonnaires

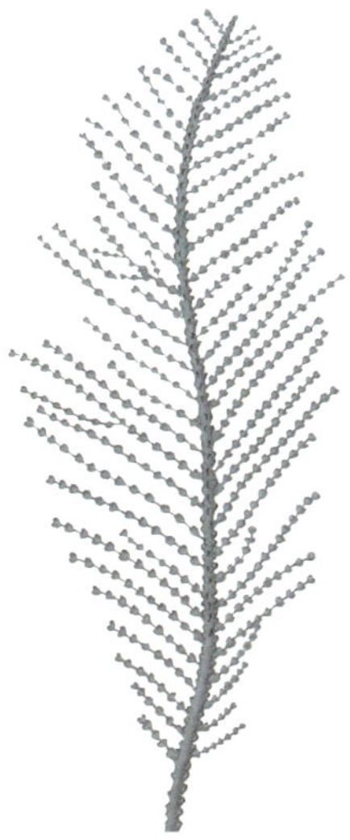

Gorgones

Stolonifères

Pennatules

OCTOCORALLIAIRES

Le nombre de tentacules autour de la bouche est un multiple de 8

Actinies
anémones

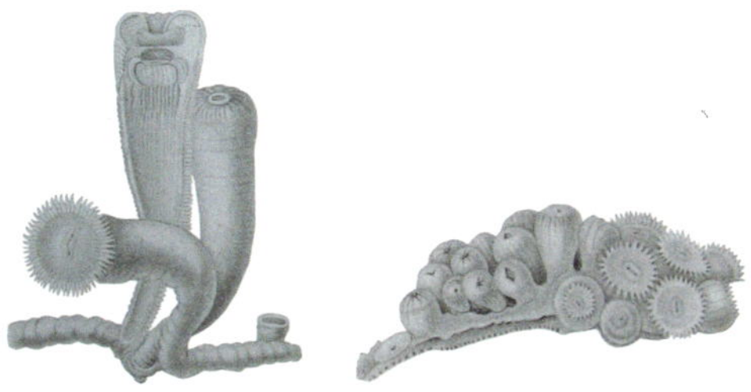

Zoanthaires
anémones coloniales

Scléractiniaires
coraux

HEXACORALLIAIRES

Le nombre de tentacules autour de la bouche est un multiple de 6

Pour une place au soleil
Tout le socle du récif est occupé par de multiples espèces. Ne vous fiez pas à cet ensemble apparemment harmonieux, la nuit, une vraie guerre oppose les colonies entre elles.

Sur le récif, la compétition pour l'espace est rude. Parce qu'ils ne peuvent se mouvoir et qu'ils ont besoin de soleil pour se développer, les coraux et leurs cousins se livrent une vraie bataille. Tous les coups sont permis pour déloger son voisin et prendre sa place. La compétition a lieu soit entre deux coraux, soit entre une colonie corallienne et une espèce d'un autre groupe (alcyonnaire, éponge, algue...).

# Compétition

La guerre chimique
La nuit, les coraux « se battent » pour l'espace. L'agresseur envoie vers ses voisins de longs filaments pourvus d'une forte densité de cellules urticantes, riches en toxines qui dissolvent littéralement les tissus coralliens du compétiteur. Ce qui lui permet d'avoir le champ libre pour s'étendre.

Faire de l'ombre à son voisin
En croissant à l'horizontal, les colonies tabulaires d'*Acropora* créent des zones d'ombre directement en dessous de la colonie. En réduisant ainsi la quantité de lumière, ces coraux empêchent l'installation de compétiteurs potentiels.

Compétition entre deux coraux de la même espèce
Chacun doit défendre sa place. Ces individus sont de la même espèce, mais génétiquement différents. La compétition est aussi importante. La grande colonie de *Platygyra daedalea* croît au-dessus de la petite colonie. Les grandes colonies ont davantage de ressources à dédier à la compétition et souvent gagnent. L'absence d'autres colonies dans l'espace tout autour laisse supposer que des substances chimiques émises par ces colonies inhibent l'installation des nouvelles larves.

**Des éponges dans les coraux**
La plupart des éponges associées aux coraux colonisent d'abord les zones où le squelette du corail est à nu. Puis elles finissent par envahir toute la colonie.

# sur le récif

**La guerre est déclarée !**
C'est souvent à la faveur d'une zone nécrosée dans une colonie massive de *Porites* que d'autres colonies s'installent. En (1), le corail rose (*Pocillopora damicornis*) croît au beau milieu de la colonie de *Porites*. En (2), la colonie de d'*Acropora* gagne du terrain sur celle de *Porites*. On peut observer le « no man's land » au niveau de la zone de contact entre les deux colonies.

(1)

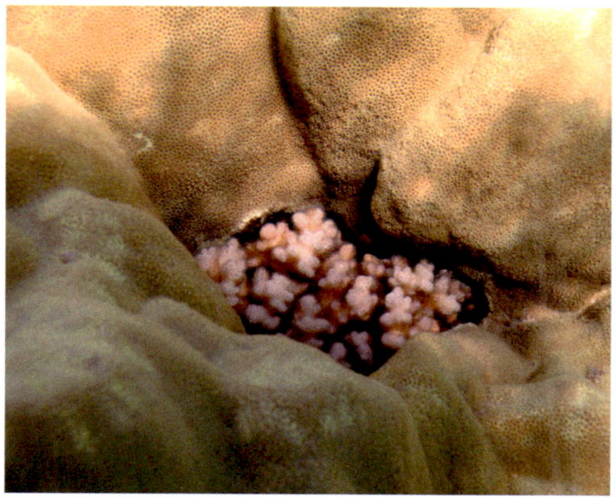

(2)

**Un bouclier invisible**
La colonie de *Platigyra daedalea* a un bel avenir devant elle. Les acropores qui l'entourent ont d'ores et déjà stoppé leur expansion. C'est grâce à la diffusion d'un bouclier invisible de substances chimiques que le corail en boule repousse ses voisins.

(3)

(4)

Compétition entre un *Porites* (en haut) et un *Millepora* (corail de feu) très conquérant (3) qui va finir par recouvrir complétement le corail (4).

**Duel coraux durs-coraux mous**
Les alcyonnaires ou coraux mous, s'établissent sur des colonies coralliennes mortes. Lorsqu'ils s'étendent à partir de la base morte d'une colonie ils peuvent priver les parties vivantes du madrépore de lumière, et de ce fait les étouffer. La colonie de *Porites* (1) ne va tarder à être entièrement recouverte par l'alcyonnaire *Sinularia sp.* (2). En s'étalant de proche en proche, ils peuvent présenter un véritable « faciès » à alcyonnaires. Récemment, on a démontré qu'ils libèrent dans leur environnement immédiat des toxines (terpenoïdes et sarcophine) qui les aident à maintenir leur espace vital. Par ailleurs, les alcyonnaires tolèrent mieux des eaux turbides que les coraux. Cependant les coraux aussi peuvent se défendre et endommager sérieusement des colonies d'alcyonnaires.

(1)
(2)

(1)
(2)

### Des hydraires coloniaux

Ils possèdent une armature calcaire massive qui entoure le corps des polypes et forme un squelette externe qui ressemble beaucoup à celui des madréporaires. Les *Millepora* (1) sont limités aux zones supérieures bien éclairées des récifs car leurs tissus renferment également des zooxanthelles. Les représentants des genres *Stylaster* et *Distichopora* (2) sont des espèces sciaphiles qui colonisent les surplombs des grottes et des tombants.

Si les coraux sont les principaux bâtisseurs, d'autres organismes précipitant du calcaire participent aussi à l'édifice récifal. Celui-ci est rendu cohérent et solide par le remplissage des interstices à l'aide de débris coralliens et de matériel sédimentaire qui sont ensuite cimentés entre eux. Sous l'action des vagues et des organismes foreurs, une partie des matériaux est remise en circulation. Ces différents processus sont étroitement liés, s'influencent mutuellement et se succèdent sans interruption.

# Ils participent à

### Corail bleu

*Heliopora coerulea* construit un squelette calcaire massif dont l'ensemble peut parfois dépasser 1/2 $m^3$.
De couleur brune lorsque les polypes sont vivants, le corail prend une teinte bleutée caractéristique à leur mort.

Corail bleu et gorgone sont utilisés en joaillerie.

(1)

### Les coraux noirs

Leur squelette de couleur noire est dur et corné.
Contrairement aux gorgones, les polypes des antipathaires ne sont pas rétractiles. Les antipathaires du genre *Antipathes* (1) forment des colonies buissonnantes tandis que ceux qui appartiennent au genre *Cirripathes* (2) ont un long axe unique, épais.
Ces coraux-fils de fer sont parfois spiralés comme un ressort.
Leur couleur est très variable : blanc, jaune, orange ou rouge.

(2)

Un couple de gobies naines *Bryaninops youngei* a élu domicile sur ce *Cirripathes sp.*.

### Les orgues de la mer

C'est son squelette constitué de tubes calcaires parallèles, disposés en tuyaux d'orgues et reliés par des stolons transversaux qui a valu à *Tubipora musica* son nom. Il est coloré en rouge par des sels de fer.
Sous l'eau, s'épanouissent des polypes aux huit tentacules pectinées.

# l'édification du récif

### Algues calcaires encroûtantes

Elles jouent un rôle fondamental dans la calcification des récifs et la cimentation de l'édifice corallien. Elles recouvrent les massifs coralliens morts de croûtes grises et roses, soudent les particules sédimentaires libres et forment ainsi une couche dure qui protège le squelette. Dans les parties supérieures du récif, les algues rouges calcaires des genres *Porolithon* et *Melobesia* peuvent constituer de véritables crêtes algales qui protègent le récif de la pression constante et très élevée du ressac.

### Algues vertes calcaires

Les espèces du genre *Halimeda* sont constituées d'éléments calcifiés discoïdes. Elles ont la particularité de précipiter le calcaire finement cristallisé dans leurs thalles qui, cependant, restent souples. À la mort de l'algue, ce calcaire intervient essentiellement dans la formation des sables.

### Bouquets d'animaux-fleurs

Les alcyonnaires ne possèdent pas de squelette solide mais une armature interne composée de minuscules aiguilles calcaires parsemées dans les tissus. Chez les espèces de *Dendronephthya*, les spicules sont visibles par transparence. À la mort de la colonie, ceux-ci se déposent et enrichissent les sédiments des récifs.

### Éponges

Elles ont une très grande variété de formes, de couleurs et de taille. Ce sont des composantes importantes du récif. La matière spongieuse est supportée par des éléments squelettiques appelés spicules, faits de silices ou de carbonates qui vont aussi enrichir les sédiments.

### Bryozoaires

Ces animaux coloniaux ont un squelette calcaire qui, chez certaines espèces, comme ce *Iodictyum sp.*, prend des allures de délicates dentelles ajourées. Suspensivores, ils attrapent leur nourriture à l'aide des tentacules ciliées qui amènent la nourriture à la bouche de l'animal.

### Foraminifères

Ces organismes généralement microscopiques, presque exclusivement marins, produisent des coquilles calcaires. Ils prolifèrent sur les algues ou sur les parties mortes de colonies coralliennes. Leurs squelettes sont abondants dans les sédiments.

Squelette de foraminifère de quelques mm de large.

### Les foreurs

Mollusques, vers et éponges perforent les substrats coralliens pour s'abriter. Les perforations sont essentiellement le résultat de processus chimiques auxquels s'ajoute une érosion mécanique due à des mouvements de rotation et de va-et-vient vertical exercés par les mollusques dans leur cavité.

Dans le même temps qu'il s'édifie, le récif corallien est soumis à des processus de destruction par des facteurs physiques, chimiques et biologiques. Ceux-ci agissent souvent en interaction, car des coraux fragilisés par une érosion d'origine biologique seront plus sensibles aux autres facteurs, et réciproquement. Cette érosion a pour principale conséquence de libérer dans le milieu du carbonate de calcium soit sous forme dissoute, utilisable à nouveau par les organismes constructeurs, soit sous forme particulaire. Elle favorise ainsi la production de particules alimentant la sédimentation récifale.

### Le bivalve prisonnier du corail

Le jeune mollusque *Pedum spondyloideum* (1) se fixe sur un corail massif de la famille des Poritidae après sa phase planctonique. Au cours de sa croissance, le corail va progressivement intégrer le bivalve à la colonie.

# L'érosion du récif

### Des vers de corail

Le tube calcaire qui abrite le ver arbre de Noël *Spirobranchus giganteus* (2) est creusé dans les coraux massifs de la famille des Poritidae. Il est fermé par un opercule. Le panache branchial est constitué par deux lobes hélicoïdaux de filaments plumeux. Les couleurs sont très variées.

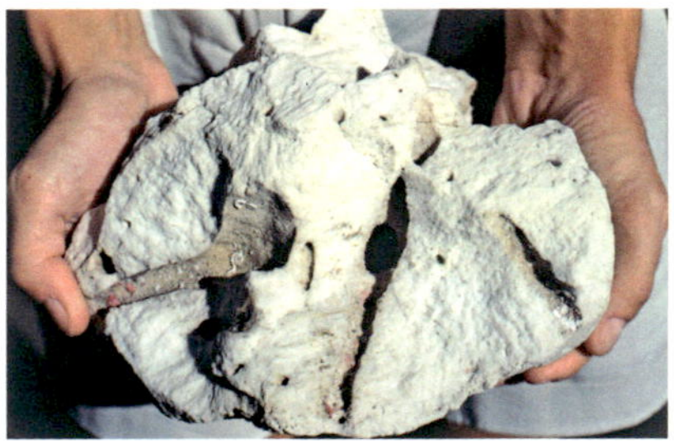

### La datte de mer

La larve de la datte de mer *Lithophaga sp.* se fixe tout d'abord au pied de la colonie corallienne. Puis elle se laisse envelopper par le corail avant de commencer à forer son terrier.

*Spheciospongia vagabundus* est une éponge perforante commune dans le sable du lagon de Saint-Gilles et de La Saline.

### Les éponges perforantes

La plupart des éponges cliones creusent des cavités à la structure caractéristique. Ces cavités forment des chambres séparées entre elles par de minces cloisons de calcaire. Les éponges perforantes taraudent tout substrat calcaire par un mécanisme à la fois chimique et mécanique, libérant ainsi du calcaire particulaire et des éléments dissous. Elles ne sont visibles extérieurement que par la présence de papilles correspondant aux canaux inhalants et exhalants.

### Les brouteurs-érodeurs

Ils broutent le feutrage algal recouvrant les substrats morts
et ingèrent donc du carbonate de calcium qu'ils rejettent dans leurs fèces.

(2)

(3)

### Les gastéropodes

Les gastéropodes brouteurs ont une radula composée de crochets en calcite pure, plus dure que la substance des substrats coralliens.

### Les oursins

Avec leur appareil masticateur, la lanterne d'Aristote (1), ils broutent le feutrage algal.
Les oursins *Echinometra mathaei* creusent des cupules profondes dans lesquelles ils se réfugient toute la journée (2 et 3). Ils sont actifs la nuit.

(1)

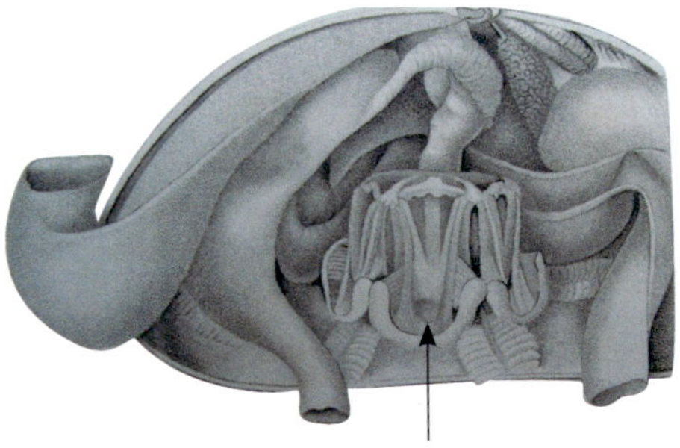

# par les organismes

### Les poissons-perroquets

Les poissons-perroquets, tels ce *Scarus ghobban,* ont une action érosive des plus importantes.
Leur appareil digestif est particulièrement bien adapté à l'ingestion des carbonates.
Ils possèdent des dents puissantes qui raclent le substrat (1) et des dents au niveau du pharynx qui agissent comme une meule pour écraser le calcaire et les algues.
Les algues sont digérées, les restes rejetés sous forme de poudre calcaire (2).

(1)

(2)

### Les balistes

Ils ont une nourriture très variée : oursins, crabes, coquillages...
Ce baliste Picasso *Rhinecanthus aculeatus* rejette un nuage calcaire.

### Les poissons-chirurgiens

Les chirurgiens, tels ces chirurgiens-lieutenants *Acanthurus tennenti*, ont une dentition moins massive et pas de dents pharyngiennes.
En revanche, ils possèdent un estomac avec un gésier à parois épaisses.

# Les associations animales sur les récifs coralliens

De nombreux animaux qui vivent sur les récifs coralliens ont développé des rapports spécifiques avec les autres espèces. Ces relations complexes plus ou moins étroites, entretenues entre individus de deux espèces différentes, constituent sans aucun doute, l'un des aspects les plus fascinants de l'univers corallien. Vivre ensemble permet aux individus, dans la majorité des cas, d'éviter la compétition pour la nourriture, la reproduction ou le territoire avec les autres espèces, d'être moins vulnérables à la prédation et d'augmenter ainsi leurs chances de survie. Les relations peuvent être à bénéfices réciproques ou pour l'un des partenaires seulement, l'autre étant soit indifférent soit affecté par la relation. Ces interactions durables entre espèces s'opposent à la relation instantanée « proie-prédateur », qui est également parfois très spécifique.

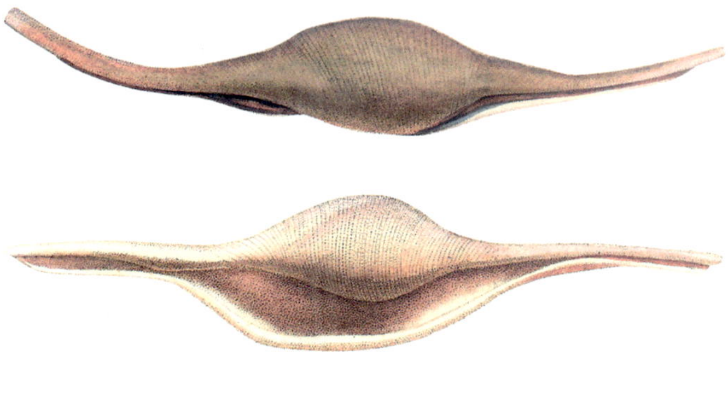

(1)

La base de l'association est plus ou moins lâche et dépend des partenaires en présence et il n'est pas toujours facile de mettre une relation dans une catégorie plutôt qu'une autre. On parle de commensalisme lorsque le plus petit animal (commensal) tire des bénéfices du plus grand (hôte), sans lui causer de dommages significatifs. Lorsque les deux partenaires tirent des bénéfices réciproques de l'association, c'est du mutualisme. Si en plus, il y a une dépendance métabolique entre les deux espèces et que l'association est obligatoire à leur survie, c'est une symbiose. Dans le cas du parasitisme, le parasite se nourrit aux dépens de son hôte. Cette action est toujours défavorable à l'hôte.

# Vivre ensemble

(2)

**En voiture !**

Les grandes espèces de poissons, comme cette loche géante *Epinephelus lanceolatus*, sont souvent accompagnées par toute une bande de petits profiteurs, ici des carangues jaunes juvéniles *Gnathanodon speciosus*. Celles-ci se mettent ainsi à l'abri de leurs prédateurs et profitent de l'onde de déplacement généré par la loche. Généralement en groupes, ils suivent étroitement leur hôte (1). Si celui-ci s'arrête, les jeunes carangues s'égayent mais sans s'en éloigner beaucoup (2).
Dès que la loche redémarre, les carangues regagnent leur hôte à toute vitesse. La loche ne tire aucun bénéfice, ni dommage de ces compagnons de route.

(1)

(3)

(2)

**Une éponge sur le dos !**

La dromie est un drôle de crabe qui a l'habitude de se promener avec une éponge (1) qu'elle maintient sur le dos à l'aide de ses deux dernières paires de pattes réduites (2). L'éponge protège la carapace du crabe. Elle lui offre également un excellent camouflage qui lui permet à la fois d'échapper à la vue des prédateurs (seiches ou pieuvres) et d'approcher ses proies (plancton, coquillages et petits crustacés) sans être remarquée. En se baladant sur le dos de la dromie, l'éponge renouvelle plus facilement l'eau qu'elle filtre, augmentant ainsi la capture de sa nourriture planctonique.
Les avantages sont réciproques mais l'association est non obligatoire : on peut trouver des dromies sans éponge et l'éponge survit à la mort du crabe.
À défaut d'éponge, la dromie peut se cacher sous tout autre débri (3).

**Une protection urticante**

Les crabes de la famille des Majidae ont l'habitude de cacher leur carapace avec toutes sortes d'organismes. Ici le crabe porte des hydraires. Qui s'y frotte s'y pique!

### Échange de services !

Un bel exemple de coopération mutuelle : le mariage du gobie et de la crevette. Le gobie (ici un *Cryptocentrus albidorsus*) profite du terrier creusé par la crevette (*Alpheus cf. rubromaculatus*). Lorsqu'elle sort de son terrier, la crevette, presque aveugle, est en relation avec le gobie par son antenne. Elle profite de la vigilance et des reliefs alimentaires de son compagnon.

### Une symbiose parfaite !

Les manteaux des bénitiers doivent leurs belles couleurs à la présence des algues zooxanthelles dans leurs tissus. Les déchets résultant du métabolisme du mollusque sont recyclés par les algues qui, par photosynthèse, produisent des molécules qui servent au bénitier.

### Des chloroplastes dans le dos

Selon certains scientifiques, les nudibranches du groupe des Saccoglosses (comme ce *Plakobranchus ocellatus*) n'ont pas de zooxanthelles qui vivent dans leurs tissus, mais gardent intacts dans les cellules de leur dos, les chloroplastes (organites chargés de la photosynthèse) des algues dont ils se nourrissent. Contrairement aux plantes, les animaux ne sont pas capables de maintenir longtemps les chloroplastes. Ceux-ci sont donc sans cesse renouvelés.

(1) (2)

### Les poux de la mer

Les crustacés isopodes (notamment de la famille des Bopyridae (1 - face dorsale et 2 - face ventrale), sont des parasites qui vivent aux dépens de divers hôtes. Certaines espèces sont des parasites externes, tandis que d'autres des parasites internes. On les trouve alors plus particulièrement au niveau des branchies (3), se nourrissant du sang de leur victime. Il arrive que celle-ci, exsangue, de fatigue succombe.

**Le corail, ma maison**
La minuscule rascasse *Sebastapistes cyanostigma* et le poisson-velours *Caracanthus madagascariensis* quittent rarement leur corail (le plus souvent une grande colonie de *Pocillopora*) se nourrissant de petits crustacés, vers...

# Une colonie corallienne :

Un colonie corallienne constitue un véritable écosystème, à savoir une communauté d'êtres vivants qui interagissent de façon très complexe et qui permettent le maintien et le développement de la vie. Certains n'y passeront que leur vie larvaire et juvénile, tandis que d'autres feront de la colonie leur véritable territoire, pour la vie. Elle sert à la fois de gîte et de couvert à une multitude de petits organismes. En effet, outre l'espace entre les branches mis à profit par les animaux pour se mettre à l'abri, le corail peut aussi être une source de nourriture.

Le perroquet broute le gazon algal qui pousse sur les coraux morts.

Avec leur long museau, le papillon-pincette *Forcipiger longirostris* et le labre oiseau *Gomphosus caeruleus* aspirent les petits animaux qui vivent entre les branches des coraux.

(1)

(3)

Le chirurgien bleu *Paracanthus hepatus* s'abrite par petits groupes entre les branches de *Pocillopora*.

Planqué, l'antennaire attend patiemment qu'un petit poisson ou qu'un crustacé s'aventure hors de la colonie.

# le gîte et le couvert

**Des filets de mucus**

*Dendropoma maxima* est un mollusque dont la coquille, un tube calcaire fermé par un opercule, fait penser aux tubes des vers serpulidés. Le gastéropode sécrète des filets de mucus qui lui servent à capturer les minuscules animaux du plancton.

**Une coquille de porcelaine**

Si elle s'aventure quelquefois hors de sa colonie, la porcelaine lynx *Lyncina lynx* vit la plupart du temps dans les coraux *Acropora*.

**Bien à l'abri dans leur trou !**

Rien n'est jamais perdu !
À la mort du mollusque, le tube sera colonisé par un petit gobie ou une jeune blennie à rides *Istiblennius edentulus* (ill.) qui s'y retranchent dès qu'ils se sentent en danger.

**Caché dans sa coquille**

Ce bernard-l'ermite *Calcinus latens* circule entre les ramifications des branches de *Pocillopora*. Sa coquille recouverte d'algue calcaire rouge le rend indétectable aux yeux de ses prédateurs.

**Chats et entrechats des demoiselles**

Les poissons-demoiselles *Chromis viridis* virevoltent au-dessus des colonies branchues des *Acropora* et des *Pocillopora* et s'y réfugient à la moindre alerte.

**Au menu : des polypes coralliens**

(2)

De nombreux poissons-papillons sont corallivores. Certains le sont de manière stricte, comme les papillons de Meyer *Chaetodon meyeri* (1) ou les papillons à chevrons *C. trifascialis* (2). D'autres, tels les papillons citron *C. citrinellus* (3), complètent leur menu avec d'autres organismes.

La demoiselle aux yeux bleus *Plectroglyphidodon johnstonianus* a une préférence pour les polypes des *Pocillopora eydouxi* et *P. verrucosa*.

Le monacanthe rayé *Cantherines dumerilii* croque les polypes des coraux branchus.

*Phestilla lugubris* est un nudibranche qui se nourrit de plusieurs espèces de coraux du genre *Porites*. Son corps est hérissé de sortes de « papilles », les cirrhes. Il pond sous les coraux morts.

(1)

De nombreux crustacés vivent exclusivement en association avec les coraux. La plupart d'entre eux ont d'ailleurs développé une relation spécifique étroite : dans telle espèce de corail, on trouvera telle espèce de crustacé. Certains crabes consomment directement les polypes mais la plupart se nourrissent du mucus fabriqué par les coraux. En nettoyant les sédiments qui se déposent sur la colonie, ils assurent également à leur hôte une meilleure santé.

# Coraux et

Peter Parks/imagequestmarine.com

### Le combat de l'étoile et du crabe

Les crabes *Trapezia* défendent âprement leur colonie contre les prédateurs : poissons et surtout les étoiles de mer *Acanthaster planci*. À l'approche de l'étoile de mer (qui émet une substance chimique détectée par les crabes), les crabes se rapprochent du sommet des branches de coraux et se mettent à couper les pieds ambulacraires et les épines de l'étoile de mer. Ce harcèlement est en général efficace, l'étoile de mer lâche prise.

(1)

### Des pinces en cuillère

De nombreux autres crustacés sont des symbiontes des coraux, parmi lesquels des petits crabes appartenant au genre *Cymo* dont les pinces en forme de cuillère, lui permettent de racler le mucus produit pas les polypes coralliens. (1- *Cymo andreossyi* dans *Acropora*, 2- *C. quadrilobatus* dans *Pocillopora*)

(2)

(2)

(3)

### Des trapezias sur les pocillopores

Les crabes appartenant du genre *Trapezia* vivent uniquement sur les coraux de la famille des Pocilloporidae (*Pocillopora*, *Seriatopora* et *Stylophora*).
(1) *Trapezia flavopunctata*, (2) *Trapezia bidentata*, (3) *Trapezia rufopunctata*.

### Des tetralias dans les acropores

Dans la famille des Trapeziidae, les crabes appartenant au genre *Tetralia* et *Tetraloides* sont associés aux coraux du genre *Acropora.*

# crustacés

### La crevette-pistolet

*Alpheus lottini* vit dans les *Pocillopora.* Son dos brun avec des petits points plus sombres, lui assure un bon habillage cryptique. Elle doit son nom de crevette-pistolet au bruit qu'elle fait en claquant ses pinces puissantes et très développées, bruit tout à fait audible par les plongeurs.

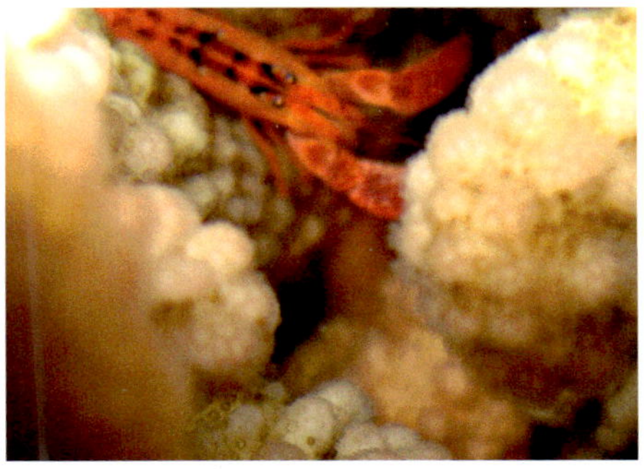

### Des crabes dans une prison de corail

Ces étranges crustacés forment des galles dans les coraux de la famille des Pocilloporidae et surtout *Pocillopora damicornis*.
La larve femelle s'installe sur la branche d'un pocillopore. Le corail se développe autour d'elle et l'emprisonne.
Le crabe, en relation avec l'extérieur par de petites ouvertures, ne peut se nourrir que des particules qui entrent à l'intérieur de sa prison.
Le mâle est libre mais minuscule. Sa taille réduite lui permet de pénétrer à l'intérieur de la cavité afin de féconder la femelle.
Elle porte alors des œufs dans une grande poche, d'où son nom *Hapalocarcinus marsupialis*.
À maturité, les œufs sont libérés dans la cavité et s'échappent par l'échancrure. Lorsque le corail croît, la galle finit par s'ouvrir totalement.

### Les gardiens du pâturage

Certaines crevettes Alphéidae creusent des galeries dans des coraux massifs. Celles-ci sont ensuite colonisées par des algues et des cyanobactéries qui alimentent les crevettes. Sur les bords de ces galeries poussent des hydraires (*Rhizogeton sp.)* qui protégent ainsi le « pâturage » des crevettes contre des brouteurs potentiels.

Cette belle méduse *Thysanostoma thysanura* sert d'abri à une cohorte de petits poissons qui n'ont aucun mal à supporter les cellules urticantes de leur hôte.
Adultes, les saupes tropicales *Kyphosus sp.* vivent librement sur le récif.

# Dans les méduses

De nombreuses espèces arrivent à s'affranchir des cellules urticantes et vivent en contact étroit avec les tentacules des méduses et des anémones de mer. Celles-ci leur offre le gîte, les protégeant contre d'éventuels prédateurs. Les cnidaires bénéficient quelquefois des reliefs de nourriture de ses associés. On ne trouve jamais les crabes, les crevettes et les poissons en dehors des grandes anémones, en revanche il est fréquent de trouver des anémones sans ses habitants. Une association plus étroite lie les crustacés qui se promènent avec leurs anémones.

Des poissons-clowns des Mascareignes *Amphiprion chrysogaster* dans des grandes anémones *Heteractis magnifica.*

**Le mariage d'intérêt du poisson-clown et de l'anémone**

Grâce à son corps enduit de mucus et à son épiderme plus épais, le poisson-clown est protégé des tentacules urticants de l'anémone. Si l'anémone assure protection au poisson-clown, celui-ci nettoie son anémone et la défend contre les poissons-papillons qu'un repas de tentacules tenteraient.

**Dominos noirs et anémones pieds rouges**

Si les juvéniles des dascyllus à trois points *Dascyllus trimaculatus* sont associés aux anémones de mer, les adultes vivent plutôt autour des massifs coralliens.

*Amphiprion allardi* dans une anémone *Entacmea quadricolor.*

Des poissons-clowns mouffettes *Amphiprion akallopisos* ont élu domicile dans une anémone *Heteractis.*

(1)

(2)

### Une maison urticante

Le bernard-l'hermite *Dardanus gemmatus* ne se déplace jamais sans les anémones *Calliactis sp.* qui éloignent son principal prédateur, la pieuvre. Quand il grandit et doit changer d'habitation, le pagure transfère aussi ses anémones. Surpris de jour (1), il est surtout actif la nuit (2).

### Pom-pom, le petit crabe boxeur

Ce joli petit crabe *Lybia tesselata* se défend en présentant à son adversaire les petites anémones *Bunodeopsis sp.* qu'il porte toujours entre ses pinces.

# et les anémones de mer

### Le crabe-porcelaine des anémones

*Stichotactyla mertensii* est une très grande anémone (le diamètre oral peut mesurer 1 m, voire plus), facilement reconnaissable aux gros points de couleur orange ou pourpre, présents sur la face inférieure du disque. Le crabe-porcelaine *Neopetrolisthes maculata* y vit en général par couple. Il filtre les animaux du plancton en exposant ses pièces buccales dans le courant.

### Jeu de transparence

Malgré des tentacules courts et très collants, plusieurs espèces de crustacés ont élu domicile dans *Cryptodrendrum adhaesivum* (1). Formé d'un disque plat, ourlé d'un bord en général de couleur différente, cette anémone est facile à reconnaître.
Parmi ses tentacules vivent un couple de crevettes Pontoniinae *Periclimenes brevicarpalis* (2). Leur corps translucide carapaçonné de plaques blanchâtres laisse entrevoir les organes internes (3).

(1)

(2)

(3)

On trouve une faune très variée qui vit sur (et parfois même à l'intérieur) d'oursins, d'étoiles de mer, d'holothuries, de coraux mous, de gorgones ou encore de coraux noirs. Crevettes, crabes, coquillages et poissons ont adopté une livrée qui leur permet de se camoufler aux yeux de leurs prédateurs et de vivre en harmonie avec leur hôte. Pour assurer au mieux la survie de l'espèce, la plupart vivent en couple.

**L'ovule des coraux mous**
On trouve la petite ovule *Calpurnus verrucosus* sur les coraux mous du genre *Sarcophyton* et *Lobophytum*.

**La galathée de la comatule**
Cette belle comatule s'est installée sur un *Antipathes* et déploie ses bras face au courant, pour pêcher les petits animaux du plancton. Au cœur de l'animal vit un petit crustacé *Allogalathea elegans* qui a la même couleur que son hôte.

**L'ovule blanche**
La porcelaine ovule *Ovula ovum* offre un joli contraste entre la blancheur immaculée de sa coquille et le noir de son manteau orné de papilles blanches ou jaunes. Elle se promène sur un alcyonnaire *Sarcophyton sp.* dont elle broute les polypes, son mets favori. Elle mange également les autres espèces de coraux mous appartenant aux genres *Lobophytum* et *Sinularia.*

# Au cœur des gorgones,

**Le crabe des coraux noirs**
*Quadrella maculosa* est un crabe de la famille des Trapeziidae, qui vit exclusivement entre les branches buissonnantes des *Antipathes*.

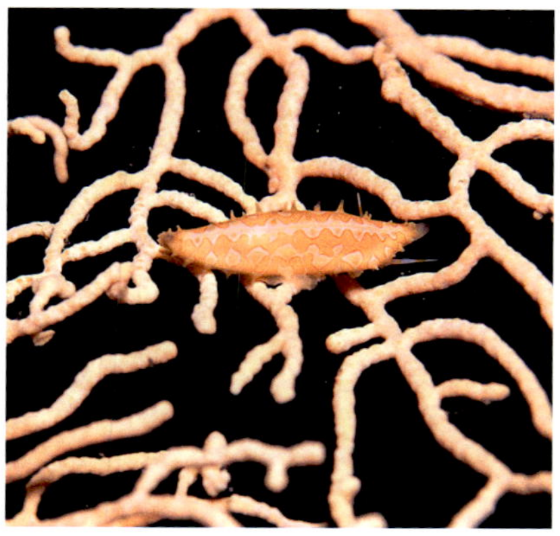

**Les ovules des gorgones**
Il est difficile de repérer ces petites ovules à la coquille très allongée, tant leur manteau les confond avec leur hôte.

(1)

(2)

**Les symbiontes des coraux-fils de fer**
Ces deux crevettes Pontoniinae (1 - *Pontonides unciger* et 2 - *Pontonides cf. maldivensis*) sont inféodées à des coraux noirs du genre *Cirripathes*.

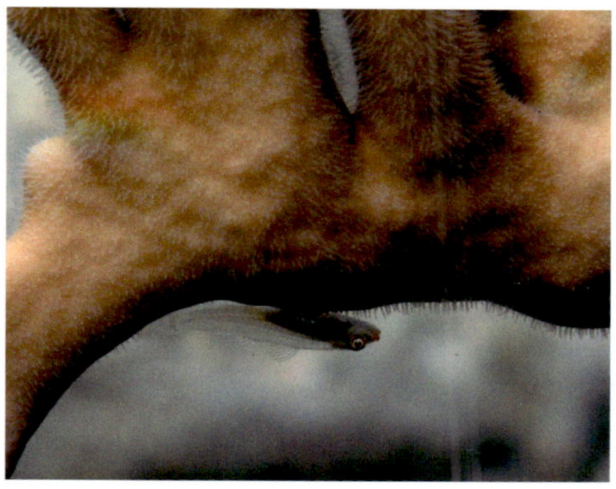

### La gobie naine du corail de feu

Ce minuscule poisson qui ne mesure pas plus de 2 cm ne craint pas les décharges des cellules urticantes de son hôte. Le corps transparent de *Bryaninops ridens* laisse voir les organes internes.

### Les crevettes commensales

Toutes les crevettes de la sous-famille des Pontoniinae vivent associées à des hôtes divers et variés. L'association est souvent étroitement spécifique. Soit les crevettes sont transparentes, soit elles adoptent la coloration de leur hôte. Il faut l'œil exercé du photographe pour les repérer.

### Crevette impériale

La coloration de *Periclimenes imperator* varie beaucoup en fonction de son hôte. Si on la trouve fréquemment au milieu des branchies de la danseuse espagnole *Hexabranchus sanguineus* (nudibranche), elle vit aussi sur des holothuries et des étoiles de mer (et en particulier l'Acanthaster).

# des étoiles de mer…

### Concombres de mer

Plusieurs espèces de commensaux ou de parasites vivent avec les holothuries.

### Des coquillages parasites

Quelques petits gastéropodes de la famille des Eulimidae vivent sur les synaptes (ill.) et autres holothuries. Ils percent les téguments à l'aide d'une trompe suceuse perfectionnée pour se nourrir des liquides internes de l'holothurie.

### Un ver sur le dos

Ce petit ver annélide vit aux alentours de l'anus de *Bohadschia vitiensis*. Dérangée, cette holothurie dévagine de longs filaments blancs, les tubes de Cuvier. Ils vont former autour de l'agresseur un réseau collant et résistant. L'animal régénère ensuite de nouveaux tubes.

### Un poisson dans l'anus

Ce poisson tout en longueur, de la famille des Carapidae, a élu domicile dans la cavité interne d'un grosse holothurie dans laquelle il pénètre par l'orifice anal. Le poisson se nourrit en partie des viscères de son hôte, sans toutefois causer sa mort. Il arrive que l'holothurie expulse le poisson avec ses organes digestifs qu'elle régénère facilement par la suite. Le poisson peut quitter temporairement son hôte pour se nourrir de petits organismes benthiques.

**De l'acide pour défense**

*Berthella martensi* est un Pleurobranche qui se nourrit d'éponges et possède la particularité de secréter de l'acide sulfurique qu'il stocke dans son corps. Gare au poisson qui aurait l'imprudence d'y goûter! Bien vite, il le recrache!

Les nudibranches sont des mollusques très colorés et spectaculaires, qui, comme leur nom l'indique, portent généralement leurs branchies tels des bouquets de fleurs sur leur manteau. Ils forment un groupe très diversifié, particulièrement bien représenté dans les Mascareignes. Ils sont tous zoophages, avec une nourriture souvent spécifique. Certains ne mangent que des éponges, tandis que d'autres broutent des bryozoaires, des polypes coralliens ou encore des ascidies.

# Associations alimentaires

*Phyllidiopsis striata*

**Les brouteurs d'éponges**

De très nombreuses espèces appartenant à des familles variées se nourrissent exclusivement d'éponges et encore pas n'importe laquelle, le régime est souvent très spécialisé.

*Risbecia pulchella*

*Hypselodoris maridadilus*

*Jorunna rubescens*

*Cadlinella ornatissima*

*Phyllidiopsis loricata*

*Sagaminopteron psychedelicum*

### Les mangeurs de bryozoaires

Les bryozoaires sont des organismes coloniaux fixés qui construisent une loge calcifiée.
La forme de la colonie peut être encroûtante ou buissonnante ou encore former de très jolies dentelles.

*Glossodoris symetricus* croque une colonie de *Triphyllozoon*.

*Glossodoris cincta* broute une colonie de bryozoaire branchu *Retoporella*.

*Roboastra arika* est un redoutable carnivore de bryozoaires.

# des nudibranches

(1)

(2)

### Mon corail et rien d'autre !

*Phestilla melanobrachia* (1) se nourrit exclusivement de polypes de coraux de la famille des Dendrophyllidae (2).

(1)

(2)

### Un cannibale

*Philinopsis cyanea (1)* recherche d'autres opisthobranches.
Il est friand tout particulièrement des gastéropodes bulles, comme cet *Hydatina physis* (2).

### Des nudibranches urticants

Les nudibranches de la famille des Aeolidae ont la particularité de stocker les cellules urticantes de leurs proies dans les cirrhes qui prolongent leur corps. Ils deviennent alors immangeables pour les prédateurs qui ne sont pas immunisés. *Cuthona sibogae* (1) mange exclusivement des hydraires (1) tandis que *Flabellina bicolor* (2) se nourrit des polypes aussi bien des hydraires que des antipathaires. *Bornella anguilla* (3) mange des hydraires appartenant au genre *Plumularia*.

(1)

(2)

(3)

# Des récifs menacés, à protéger

Si les cyclones, les tempêtes tropicales et les marées exceptionnelles sont des sources naturelles de stress, les récifs coralliens des Mascareignes subissent des atteintes importantes dues en grande partie aux activités humaines. La pollution terrigène venant des bassins versants, le piétinement des coraux, les ancrages des bateaux, les prélèvements et les collectes ainsi que les aménagements littoraux inconsidérés, ont des conséquences alarmantes. On constate une érosion des plages, la régression des recouvrements coralliens, la diminution de la biodiversité et la modification des populations de poissons ou d'oursins.

Des mesures sont prises pour empêcher la disparition ou la dégradation des écosystèmes coralliens: aires protégées, réserves naturelles marines. Elles ne seront véritablement efficaces que si elles participent à une approche globalisée et s'accompagnent d'un comportement plus respectueux de la nature.

Les cyclones et les tempêtes tropicales sont reconnus à long terme comme l'un des facteurs majeurs de l'évolution géomorphologique des récifs et des îles coralliennes. À plus ou moins long terme, le réchauffement global de la planète a également un effet sur l'évolution des récifs coralliens. L'accroissement du taux de $CO_2$ dans l'atmosphère devrait entraîner une réduction du pourcentage de saturation en aragonite et en calcaire dissous dans les couches superficielles de l'océan. Ceci pourrait entraîner une réduction du taux de calcification par les coraux et constituer une menace certaine pour le fonctionnement des écosystèmes coralliens.

# Les causes environnementales

## Les marées exceptionnelles

Les marées intéressant l'archipel des Mascareignes sont du type semi-diurne, avec une inégalité diurne. Le niveau moyen est de 0,40 m à La Réunion (l'amplitude maximale est de 0,70 m). Celui de Maurice est de 0,50 m, et celui de Rodrigues de 1,20 m. Ces marnages sont parmi les plus faibles de l'ouest de l'océan Indien. Lors de marées de basses mers de vives eaux, les récifs se découvrent et les coraux sont alors exposés à l'air et au soleil. Des coraux en bonne santé supportent ce stress, mais lorsqu'ils sont fragilisés ils auront plus de mal à récupérer.

## La mort blanche

De manière accélérée depuis 1980, on observe des phénomènes de blanchissement de coraux. Ceux-ci s'appauvrissent en couleurs soit parce que leurs algues symbiotiques perdent leurs pigments soit parce que les coraux eux-mêmes expulsent leurs zooxanthelles. Si les coraux peuvent régénérer leurs zooxanthelles dans la plupart des cas, un stress trop important et persistant entraîne cependant la mort des colonies.

## El Niño

À grande échelle les phénomènes de blanchissement sont, pour la plupart, intervenus lors d'anomalies du système El Niño. Ce qui se traduit par divers bouleversements hydroclimatiques, en particulier le réchauffement des eaux de surface. Ce réchauffement va souvent de pair avec une production anormalement élevée de rayons Ultra-Violet A et B, néfastes aux coraux et surtout à leurs zooxanthelles. Ce phénomène touche l'ensemble des Mascareignes.

Le Port de Saint-Gilles quelques jours après le passage du cyclone Gamède, février 2007, envahi par une eau terreuse.

## Les cyclones

Ils ont un impact direct dû à la force des houles cycloniques et un effet indirect en raison des pluies torrentielles souvent associées. Arrivent en milieu marin de grandes quantités d'eau douce entraînant une forte diminution de la salinité peu appréciée par les coraux. Ces pluies accentuent l'érosion et le ruissellement sur l'île, d'où d'importants apports de matériel terrigène qui augmente la turbidité de l'eau des lagons, avec comme conséquence l'asphyxie des herbiers et des coraux.

## Les houles australes

Elles prennent naissance à plus de 3000 km au sud-ouest de l'archipel, suite au passage de dépressions australes. Elles sont caractérisées par de très grandes longueurs d'onde (pouvant atteindre 600 m) et des amplitudes maximales de 11 m, avec une moyenne de 3-4 m. Elles jouent un rôle majeur dans l'évolution morphologique des régions côtières de l'archipel les plus exposées, le sud et l'ouest.

Avant la houle qui toucha La Réunion le 12 avril 2007

Après la houle

## L'étoile mangeuse de coraux

*Acanthaster planci* est une étoile de mer de grande taille pourvue de très nombreuses épines toxiques. Cette étoile se nourrit exclusivement de tissus coralliens qu'elle digère sur place. Après le passage d'une Acanthaster, il ne reste plus que le squelette blanc de la colonie corallienne.

## Le triton dévoreur d'Acanthaster

*Chronia tritonis* est l'un des rares prédateurs de la grande étoile (et d'autres étoiles de mer, ici une *Culcita*). Sa raréfaction, en raison d'une collecte importante par des collectionneurs, est en partie responsable de la prolifération, l'Acanthaster sur certains récifs.

## Une prolifération d'étoiles

Les causes d'explosion démographique de l'Acanthaster ne sont pas encore certaines. Si des causes humaines ont souvent été incriminées (élimination de prédateurs, pollution, sédimentation terrigène), des chercheurs pensent actuellement qu'il s'agirait de fluctuations naturelles d'abondances des populations au cours de longues périodes de temps.

## Le combat de David et de Goliath

Les petites crevettes harlequins *Hymenocera elegans* s'attaquent à la plupart des étoiles de mer, y compris à l'Acanthaster si l'occasion se présente.

(1) (2) (3)

**Bande blanche, rose, noire**

Les agents pathogènes sont inconnus, mais il semble que ce soit des bactéries. Sont touchés les coraux massifs, comme ces *Porites* (1) et (2). Lorsque cette maladie apparaît sur des coraux branchus et notamment sur les acropores (3), elle est fréquemment associée à des phénomènes de blanchissement, suite à la destruction des cellules.

# Lorsque les coraux

Les récifs sont sensibles à toutes sortes d'agents infectieux : virus, bactéries, mycoplasmes, champignons, algues unicellulaires, protozoaires, etc... . Ces maladies surviennent en général après une période de stress environnemental et affectent le cycle de vie, l'abondance, la reproduction... Un récif stressé ou malade peut s'éroder 5 à 10 fois plus vite qu'il ne pousse.

(1)

Marques de morsures de blennies et en particulierde la blennie léopard *Exallias brevis* (1).

Marques de morsures de poissons-perroquets (2).

(2)

**Morsures de poissons**

Certains poissons ont un régime alimentaire exclusivement corallivore. Si les poissons-papillons et les blennies prélèvent uniquement les polypes coralliens, d'autres raclent une partie du squelette calcaire. Ces morsures peuvent faciliter la pénétration des agents pathogènes dans les tissus coralliens.

# sont malades

**Des arbres de Noël bien envahissants**

Ce *Porites* a été l'objet d'une infestation particulièrement importante par des vers « arbres de Noël » *Spirobranchus giganteus* qui érodent la colonie et sont la porte d'entrée d'éléments infectieux.

Les planaires très colorés, tel ce *Pseudobiceros gratus*, qui vivent librement sur le récif sont des vers plats, cousins non parasites du trématode *Podocotyloides stenometra*.

**L'acné du Porites**

Sur certains sites, les colonies de *Porites* présentent des sortes de boutons rosés. Les tissus des polypes sont gonflés et altérés, en raison d'une infestation par des vers plats microscopiques, des trématodes *Podocotyloides stenometra*. Les parasites sont transmis au corail par l'intermédiaire d'un coquillage. Les vers s'enkystent dans le corail. Les poissons corallivores, hôtes définitifs du trématode parasite, s'infestent en mangeant les tissus parasités. Le coquillage, hôte initial, est infesté en consommant les matières fécales des poissons. Ainsi le cycle de vie du ver parasite est bouclé.

**Une bande rose**

Tout autour des zones où se tiennent les coquillages *Quoyula madreporarum*, le corail prend une teinte rosée. C'est la réponse du *Porites* au broutage de ses polypes par ces mollusques.

**Infestations algales**

Après une attaque bactérienne, les algues filamenteuses s'installent secondairement dans les parties nécrosées.

**Des tumeurs coralliennes**

Sur une partie de la colonie, les cellules se mettent à proliférer, créant une protubérance ressemblant à une tumeur.

## La sédimentation terrigène

En plus du risque d'étouffement des coraux et des organismes sessiles par le sédiment, les apports de matière en suspension induisent une augmentation de la turbidité et par conséquent une diminution de la lumière, nécessaire à la vie corallienne.

Saint-Leu - ouest de La Réunion.

**Une des causes majeures de dégradation des récifs des Mascareignes est l'érosion mécanique des sols qui résulte des mauvaises pratiques agricoles, de l'urbanisation des pentes et du littoral, de la construction de routes. Ce qui se traduit par des apports sédimentaires très abondants en milieu côtier. À cette pollution du milieu s'ajoutent des prélèvements de la ressource trop souvent importants pour permettre une régénération naturelle du milieu. Les espèces se raréfient, et parfois disparaissent.**

# L'impact de l'homme

## Un récif envahi par des algues...

Les pollutions agricoles et domestiques provoquent un enrichissement artificiel des eaux côtières en nitrates et en phosphates. Ces phénomènes d'eutrophisation induisent une diminution de la calcification des coraux et favorisent la prolifération des algues molles et d'autres organismes non constructeurs, au détriment des coraux qu'ils étouffent.

## ...et des poissons herbivores

On constate aussi une modification des peuplements de poissons, avec diminution des carnivores au profit des herbivores dont l'importance économique est moindre.

## Une érosion irréversible

Lors des fortes houles cycloniques, les vagues passent au-dessus du récif et déferlent directement sur la plage. Elles emportent le sable au large. Celui-ci ne peut pas revenir sur la plage car le récif l'en empêche.

Déchaussement des filaos sur la plage de l'Hermitage.

Les murs de soutènement le long des plages, en empêchant les vagues de perdre leur énergie et, tout au contraire en démultipliant l'onde de retour, favorisent l'érosion des plages.

## Les pollutions domestiques

Si des efforts en matière d'assainissement ont été faits à La Réunion, beaucoup restent encore à mener car la pollution des eaux dans les zones d'habitat dense est un réel problème.

## Les prélèvements des ressources vivantes dans les lagons

Légaux ou illégaux, les prélèvements ont des conséquences désastreuses sur la reconstitution et la pérennité de la ressource.

**Au cœur du récif**
Les pieuvres vivent cachées dans les trous et les crevasses qui abondent sur les platiers récifaux, dans la zone la plus bioconstruite du récif.

### La pêche aux zourites

À Rodrigues, cette pêche est une source de subsistance vitale pour les populations locales. Elle n'est pas sans conséquence sur le mileu. En recherchant leur butin au milieu du lagon, les piqueuses et les piqueurs piétinent les coraux et provoquent sur des kilomètres un vrai désastre écologique. Le gouvernement a pris conscience de l'impact catastrophique sur l'équilibre écologique du lagon et envisage l'interdiction pure et simple de cette activité. Cependant, il sera nécessaire de trouver des alternatives viables aux piqueurs d'ourites. À La Réunion, cette pêche vient d'être de nouveau autorisée, en pleine réserve naturelle!

### La pêche à la senne dans les lagons

Le terme de « dragage » utilisé en créole illustre bien l'effet destructeur que peut occasionner l'utilisation d'une senne dans le lagon pour pêcher, entre autres prises, les « capucins carême ». On « bat de l'eau » pour amener les poissons dans la senne qui est ramenée au bord.

# sur les récifs coralliens

### Le piétinement des colonies coralliennes

Lors des grandes marées l'accès au platier est facilité. Pour accéder à la ressource, le pêcheur à la gaulette, n'hésite pas à marcher sur les platiers. Brisées, les colonies coralliennes, sont dans un triste état après le passage de ces indélicats.

### Une fréquentation accrue des plages et des récifs

Dans l'ensemble des îles Mascareignes, l'augmentation du nombre de touristes a des conséquences non négligeables sur l'état de santé des récifs. De activités nautiques nouvelles sont apparues, pas toujours respectueuses du milieu.

La colonie de *Porites* est un perchoir pour ce nageur peu respectueux de son environnement.

### Les collectes des coquillages à des fins de collections

Elles ont conduit à la quasi-disparition des grosses espèces très recherchées. Seules se maintiennent les mollusques trop petits pour intéresser un collectionneur ou les espèces localisées dans des habitats d'accès difficiles.

### Un réseau régional d'aires marines protégées

Pour les cinq pays membres de la Commission de l'Océan Indien (COI), la priorité est le maintien de la biodiversité et des ressources marines et côtières de l'écorégion de l'océan Indien occidental qui assurent la survie des populations locales.

Les trois îles Mascareignes présentent des écosystèmes d'une grande richesse et d'une diversité biologique importante qui se caractérisent par une productivité biologique très élevée de récifs coralliens, d'herbiers et de mangroves. Leur sauvegarde passe par la création d'aires protégées marines, mais aussi par une meilleure prise en compte des conséquences des activités du bassin versant sur le milieu marin ainsi qu'une meilleure connaissance des récifs coralliens.

# La sauvegarde des récifs

### Les aires protégées des Mascareignes

À La Réunion, la Réserve Naturelle Marine a été créée en 2007. Elle comprend la grande majorité des récifs coralliens de l'île. À l'île Maurice, deux parcs marins nationaux (Baclava au nord-ouest de l'île, et Blue Bay au sud-est) et 6 réserves de pêche ont été institués. Trois réserves marines sont en cours de création (Rivière Banane, Grand bassin et Passe Demie). Anse aux Anglais est le seul Parc Marin de Rodrigues.

### Du battant des lames au sommet des montagnes

La protection des récifs coralliens passe aujourd'hui par la prise en compte simultanément de tous les enjeux terrestres et marins, naturels, économiques et sociaux de la zone littorale. La gestion intégrée des zones côtières est un des moyens de répondre aux problèmes posés par la densification croissante des activités humaines, de la surexploitation des ressources naturelles et de la dégradation des milieux naturels littoraux.

**De la baie de Saint-Paul au lagon de Saint-Leu**

Prélevées sur les orins des cages d'aquaculture de la baie de Saint-Paul (1), les colonies de *Pocillopra* ont été soigneusement transplantées dans une zone dégradée du récif de Saint-Leu (2). Un suivi scientifique de chaque colonie (3) a permis de constater la reprise puis la croissance du corail. Ces actions favorisent une restauration du milieu.

# coralliens des Mascareignes

**Des récifs régulièrement auscultés**

Compter les poissons, relever les coraux et les alcyonnaires sur des stations déterminées au préalable et selon un protocole défini au niveau mondial, telle est l'une des missions des gestionnaires des aires protégées. Ainsi d'année en année, sont évalués le recouvrement corallien et l'état des peuplements de poissons. Ce qui permet de suivre l'évolution de l'état de santé, du récif au cours du temps et d'alerter scientifiques et pouvoirs publics pour en rechercher les causes et si possible, agir pour inverser la tendance.

**À la découverte du milieu**

Chausser ses palmes, ajuster son masque et son tuba, se glisser dans la peau d'un poisson, partir à la découverte des coraux et de la faune associée avec un animateur du parc marin... et changer son regard sur cet univers. Tel est l'enjeu des sentiers sous-marins balisés dans les dépressions d'arrière-récifs et les platiers.

**Surveillance et sensibilisation**

L'appropriation du patrimoine naturel fait partie des enjeux économico-culturels de demain. Il apparaît essentiel de former les jeunes à la connaissance et au respect de la faune et de la flore insulaires.

# Glossaire

**Anthropique** qui résulte de l'action humaine.

**Asthénosphère** (du grec *asthenos*, sans résistance) c'est la partie ductile (qui peut être étiré sans se rompre) du manteau terrestre, directement située sous la lithosphère rigide.

**Autotrophes** se dit des plantes qui élaborent leurs substances organiques seulement à partir d'éléments minéraux.

**Bassin versant** se dit à propos d'un cours d'eau en considérant l'ensemble des vallées qui l'alimentent, y compris la sienne.

**Calice** élément du squelette corallien élaboré par le polype et constitué du plancher (socle du calice) et de la muraille (enveloppe calcaire qui circonscrit et isole la cavité calicinale de l'extérieur).

**Caye** (de l'espagnol *Cayo*, récif) désigne un îlot ou un haut-fond constitué de sable corallien plus ou moins cimenté.

**Croûte terrestre** c'est la partie supérieure de la lithosphère.

**Cryptique** se dit d'une couleur qui dissimule un animal dans son milieu naturel.

**Détritique** sédiment grossier composé de débris de coquilles, de morceaux de coraux...

**Détritivore** terme qualifiant les animaux qui se nourrissent avec des détritus organiques.

**Dorsale océanique** ou **ride médio-océanique** frontière de divergence entre deux plaques tectoniques qui s'écartent l'une de l'autre avec création de lithosphère océanique.

**Écosystème** désigne l'ensemble formé par une association ou communauté d'êtres vivants (ou biocénose) et son environnement géologique, pédologique et atmosphérique (le biotope). Les éléments constituant un écosystème développent un réseau d'interdépendances permettant le maintien et le développement de la vie. Un écosystème est l'interaction entre les facteurs biotiques et abiotiques.

**Érosion** ensemble des phénomènes physiques, chimiques ou physico-chimiques provoquant la désagrégation, la dissolution, la fragmentation et la mobilisation de la partie superficielle de la croûte terrestre.

**Faciès** ensemble de caractères physiques et morphologiques qui détermine un type de fond, vaseux, sableux, durs, coralliens...

**Frayère** endroit où fraient les poissons, où ils se reproduisent.

**Isobathe** sur une carte marine, ligne joignant entre eux les points de même profondeur.

**Lagon** étendue d'eau isolée en totalité ou en partie du large par un récif. On distingue le lagon d'atoll, le couloir de marée du récif barrière et le lagon de récif, creusé dans un récif frangeant ou un récif plate-forme.

**Lithosphère** (littéralement, la « sphère de pierre ») c'est la partie superficielle et rigide du manteau. Elle est divisée en un certain nombre de plaques tectoniques. La lithosphère peut être animée de mouvements de divergence ou de mouvements de convergence. Les mouvements de divergence traduisent un éloignement de deux plaques l'une par rapport à l'autre au niveau d'une dorsale. La convergence, un rapprochement des deux plaques. La convergence peut être une subduction, une plaque passe au-dessous d'une autre, ou une collision, les deux plaques entrent en collision (formation des montagnes). La quantité de lithosphère à la surface de la Terre est toujours la même, ceci étant dû aux mouvements de convergence et de divergence, qui se compensent.

**Métabolisme** c'est l'ensemble des dépenses énergétiques d'un organisme.

**Micro-atoll** pâté corallien isolé qui atteint la surface et dont la partie supérieure est nécrosée, en raison d'un assèchement occasionnel. La croissance s'effectuant dès lors sur les côtés, une barrière de corail vivant entoure ce pâté en un anneau plus ou moins complet.

**Monospécifique** se dit d'un groupe formé d'une seule espèce.

**Nourricerie** ou **nurserie** zone où se regroupent les alevins et juvéniles d'une espèce mobile durant les premiers mois ou les premières années de leurs vies, pour s'y nourrir et poursuivre leur développement. Une zone de nourricerie peut être fréquentée par plusieurs espèces.

**Ovigère** se dit d'une femelle qui porte des œufs.

**Phanérogames** embranchement de végétaux à organes reproductifs apparents, et dont les ovules fécondés se transforment en graines.

**Photosynthèse** processus qui permet aux plantes de synthétiser leur matière organique en exploitant l'énergie solaire.

**Phytoplancton** plancton végétal.

**Pieds ambulacraires** ou **podia** sont de petits organes cylindriques et creux disposés entre les piquants des oursins et qui jouent un rôle dans leur locomotion, nutrition et respiration. Ils peuvent se terminer ou non par une ventouse.

**Pigment** substance colorée produite par les organismes.

**Plancton** ensemble des organismes qui dérivent dans la masse d'eau.

**Plurispécifique** se dit d'un groupe formé de plusieurs espèces.

**Protozoaires** organismes unicellulaires possédant un noyau.

**Récif barrière** situé loin de la côte, c'est un récif dont le lagon peut atteindre des largeurs de plusieurs kilomètres et 30 à 70 m de profondeur.

**Sciaphiles** qui aiment l'obscurité.

**Septes d'un scléractiniaire** cloisons verticales partant de la muraille disposées selon une symétrie radiaire d'ordre 6 et qui divisent la cavité calicinale en un nombre de chambres multiple de 6.

**Sessiles** se dit des animaux fixés qui ne peuvent se déplacer librement (éponges, ascidies...).

**Spicules** formations calcaires ou siliceuses présentes dans les tissus d'un organisme (éponges, alcyonnaires) et servant généralement d'armature squelettique.

**Substrat** nature des fonds marins. Le substrat peut être vaseux, sableux, rocheux...

**Thalle** appareil végétatif élémentaire des végétaux inférieurs (algues, champignons, lichens, etc.) qui sont dépourvus de feuilles, de racines et de tige.

**Transgression marine** envahissement des continents par la mer, dû à un affaissement des terres émergées ou à une élévation générale du niveau des mers.

**Trophique** relatif à la nutrition.

**Zooplancton** plancton animal.

# Index


*Acanthaster planci* 68,79
*Acanthastrea echinata* 50
*Acanthurus tennenti* 61
*Acanthurus lineatus* 31
*Acanthurus triostegus* 41
*Acropora* 46,51,56
*Acropora cf. hyacinthus* 22,47
*Acropora muricata* 28
Actinie 55
*Actinopyga echinites* 24
*Actinopyga mauritiana* 31
Aeolidae 75
*Aetobatus narinari* 34
Aiguillette de fond 29
Alcyonnaire 55,57,59
Algue calcaire 59
*Alpheus cf. rubromaculatus* 65
*Alpheus lottini* 69
*Amphiprion akallopisos* 70
*Amphiprion allardi* 70
*Amphiprion chrysogaster* 70
*Anella mollis* 36
Anémone 55,70
Anémone coloniale 55
Anémone de cuir 55
*Anous stolidus* 21
*Anous tenuirostris* 21
Antennaire 66
Anthozoaire 55
Antipathaire 58
*Antipathes* 36,38,58
*Apolemichthys trimaculatus* 37
*Arenaria interpres* 21
*Axinella* 39
Balane 40
Baliste à rides bleues 39
Baliste picasso 26,61
Barracuda 35
Bécasseau cocorli 21
Bécune de mer 34
Bénitier 65
Bernard-l'ermite 67
*Berthella martensi* 74
Bigorneau 40
Blennie à rides 67
Blennie châtaigne 31
Blennie léopard 80
*Bohadschia vitiensis* 73
*Bornella anguilla* 75
Bouff'tang 39
*Bruguiera gymnorhiza* 42
*Bryaninops ridens* 73
*Bryaninops youngei* 58
Bryozoaire 59,75
*Bunodeopsis* 71
*Cadlinella ornatissima* 74
*Calappa hepatica* 24
*Calcinus latens* 67
*Calidris ferruginea* 21
*Calpurnus verrucosus* 72
Cambrésis 20
*Cantherines dumerilii* 67
Capucin à bande jaune 24
*Caracanthus madagascariensis* 66
Carangaise gros pois 29
Carangue gros yeux 35
*Caranx sexfasciatus* 35
Carapidae 73
*Carcharinus melanopterus* 35
*Carpilius maculatus* 29
*Cephalopholis aurentia* 38
Cérianthe 33
*Chaetodon citrinellus* 67
*Chaetodon meyeri* 67
*Chaetodon trifascialis* 67
*Charonia tritonis* 79
*Chelonia mydas* 27
Chirurgien à lignes bleues 31
Chirurgien bagnard 41
Chirurgien bleu 66
Chirurgien lieutenant 61
Chiton 40
*Chrysiptera leucopoma* 31
Cigale de mer 29
*Cirrhitichthys oxycephalus* 39
*Cirripathes* 58
*Cirripectes castaneus* 31
*Colobocentrotus atratus* 40
Comatule 38,72
Comète de mer 25
Cône aulique 32
*Conus* 27
*Conus aulicus* 32
*Conus ebraeus* 25
*Conus lividus* 25
Corail bulle 46
Corail de feu 57
Corail noir 38,58
Coraux-fils de fer 72
Cordon mauresque 27
Crabe fantôme 20
Crabe honteux 24
Crabe la boue 43
Crabe Majidae 64
Crabe nageur 24
Crabe pom-pom 71
Crabe violoniste 43
Crabe-porcelaine 71
*Crenimugil crenilabris* 24
Crevette harlequin 79
Crevette impériale 73
Crevette marbrée 33
Crevette nettoyeuse fantôme 37
Crevette Pontoniinae 69,71,72
Crevette-pistolet 69
Crinoïde 38
Crustacé isopode Bopyridae 65
*Cryptocentrus albidorsus* 65
*Cryptodrendrum adhaesivum* 71
Cuboméduse 55
Cubozoaire 55
*Culcita schmideliana* 24
*Cuthona sibogae* 75
*Cymatium (Septa) nicobaricum* 25
*Cymo andreossyi* 68
*Cymo quadrilobatus* 68
*Cypraea caputserpentis* 31
*Cypraea tigris* 35
*Dactyloptena orientalis* 65
*Daldorfia horrida* 32
*Dardanus lagopodes* 29
*Dascyllus aruanus* 23
*Dascyllus trimaculatus* 70
Datte de mer 60
Demoiselle
de zone de déferlement 31
*Dendronephthya* 59
Dendrophyllidae 75
*Dendropoma maxima* 67
*Diodon litturosus* 39
*Distichopora* 37,58
Dromie 64
*Echidna nebulosa* 26
*Echinometra mathaei* 26,61
*Echinoneus cyclostomus* 24
*Echinopora lamellosa* 47
*Echinothrix diadema* 26
*Entacmea quadricolor* 70
Épervier lutin 39
*Epinephelus lanceolatus* 64
*Epinephelus merra* 26
*Epinephelus spilotoceps* 27
*Epinephelus tauvina* 38
Éponge 39,57,59
Éponge perforante 60
Éponge rouge 37
*Erosaria erosa* 25
Étoile de mer coussin 24
Eulimidae 73
*Exallias brevis* 80
*Favia* 51
*Favites* 51
*Favites flexuosa* 50
*Fistularia commersonii* 29
*Flabellina bicolor* 75
Foraminifère 58
*Forcipiger longirostris* 66
*Fromia milleporella* 25
*Fungia fungites* 51
*Fungia scutaria* 46
*Galaxea fascicularis* 51
Girelle paon clown 31
*Glossodoris cincta* 75
*Glossodoris symetricus* 75
Gobie 41
Gobie à dos blanc 65
Gobie naine
des coraux-fils de fer 58
Gobie naine du corail de feu 73
Goelette 21
*Goniopora* 54
Gorgone 36,55
*Grapsus tenuicrustatus* 41
Grondin volant rouge 26
*Gygis alba* 21
Gygis blanche 21
*Halichoeres scapularis* 26
*Halimeda* 59
*Halodule uninervis* 27
*Halophila ovalis* 27
*Halophila stipulacea* 27
*Hapalocarcinus marsupialis* 69
*Heliopora coerulea* 58
*Heteractis magnifica* 35,70
*Heterocentrotus mammillatus* 31
*Heterocentrotus trigonarius* 31
*Heterocyathus* 52
*Heteropsammia* 52
*Hexabranchus sanguineus* 73
Hexacoralliaire 55
*Holothuria atra* 24
*Holothuria cinarescens* 27
Holothurie brune des brisants 31
Huître 42
Huître crête de coq 37
*Hydatina physis* 75
Hydraire 37,55,58
Hydrozoaire 55
*Hymenocera elegans* 79
*Hypselodoris maridadilus* 74
*Ipomea pes-caprae* 20
*Istiblennius edentulus* 41,67
*Jorunna rubescens* 74
*Junceela rubra* 38
*Kuhlia marginata* 41
*Kuhlia mugil* 41
Labre zig zag 26
Lambi à 7 pointes 34
*Lambis chiragra arthritica* 25
*Lambis truncata* 34
Licorne 27
*Linckia multiflora* 25
*Lithophaga* 60
*Littorina scabra* 42
*Lobophyllia* 39
*Lobophytum* 30
Loche géante 64
*Lopha cristagalli* 37
*Lybia tesselata* 71
*Lyncina lynx* 67
*Mauritia mauritiana* 31
Mérou gâteau de cire 26
Mérou loutre 38
*Millepora platyphylla* 30
Millepore 55,54,57
*Mitra mitra* 32
Modiole 29
*Modiolus auriculatus* 29
Monacanthe rayé 67
*Monetaria annulus* 25
*Montipora* 23,46,47
Mulets 24
*Mulloidichthys flavolineatus* 24
*Myripristis berndti* 36
*Naso unicornis* 38
Naticidae 24
*Nebrius ferrigineus* 34
*Neopetrolisthes maculata* 71
Nérite 40
Noddi à bec grêle 21
Noddi brun 21
Nudibranches 74
Octocoralliaire 55
*Octopus* 29
*Ocypode ceratophthalma* 20
*Ocypode pallidula* 20
*Odontodactylus scyllarus* 33
*Oliva* 32
*Ophiocoma erinaceus* 25
*Ophiocoma pica* 25
Ophiure 25
Ourite 29
Oursin bonnet de prêtre 40
*Ovula ovum* 72
Ovule des gorgones 72
*Pachyseris speciosa* 39
Palétuvier 42
*Palythoa* 30
*Panulirus longipes* 33
Papillon-pincette 66
*Paracanthus hepatus* 66
*Parribacus antarcticus* 29
Patate à durand 20
Patelle 40
*Pavona* 23,46
*Pedum spondyloideum* 60
*Pempheris oualensis* 36
Pennatule 33,55
*Periclimenes brevicarpalis* 71
*Periclimenes imperator* 73
Périophthalme 42
*Phestilla lugubris* 67
*Phestilla melanobrachia* 75
*Philinopsis cyanea* 75
*Phillidiella meandrina* 35
*Phyllidiopsis loricata* 74
*Phyllidiopsis striata* 74
*Phyllochaetopterus* 23
Physalie 55
Pieuvre 29
*Plakobranchus ocellatus* 65
*Platax orbicularis* 34
*Platygyra daedalea* 44,47,51,56
*Plectroglyphidodon*
*johnstonianus* 67
*Plerogyra sinuosa* 46
*Plotosus lineatus* 24
Plume de mer 33
*Plumularia* 75
*Pocillopora* 23,66
*Pocillopora damicornis* 47,49,57,69
*Podocotyloides stenometra* 81
*Pogonoperca ocellata* 39
Poisson chauve-souris 34
Poisson-ange à trois taches 37
Poisson-chat 24
Poisson-clown
des Mascareignes 70
Poisson-clown mouffette 70
Poisson-demoiselle
à trois bandes noires 23
Poisson-demoiselle bleue 67

Poisson-écureuil 26
Poisson-hachette 36
Poisson-lézard 26
Poisson-papillon à chevrons 67
Poisson-papillon citron 67
Poisson-papillon de Meyer 67
Poisson-pavillon 41
Poisson-perroquet 61,66,80
Poisson-scorpion à houppes 39
Poisson-soldat 36
Poisson-velours 66
*Pontonides unciger* 72
Porcelaine à tête de serpent 31
Porcelaine anneau d'or 25
Porcelaine lynx 67
Porcelaine mauritienne 31
*Porites* 23,28,46,51,57
*Porites cf. nigrescens* 47
Porpita 55
*Pseudobalistes fuscus* 39
*Pseudobiceros gratus* 81
*Quadrella maculosa* 72
*Quoyula madreporarum* 81
Raie aigle 34
Requin nourrice fauve 34
Requin pointes noires 35
*Retoporella* 75
*Rhinecanthus aculeatus* 26,61
*Rhinoclavis diadema* 32
*Rhizogeton* 69
*Rhizophora mucronata* 42
*Rhynchocinetes durbanensis* 37
*Risbecia pulchella* 74
*Roboastra arika* 75
*Sagaminopteron psychedelicum* 74
*Sarcophyton* 30
*Sargocentron diadema* 26
*Saron marmoratus* 33
Savon barbu 39
*Scarus ghobban* 61
Scléractiniaire 55
*Scorpaenopsis oxycephala* 39
*Scylla serrata* 43
Scyphozoaire 55
*Sebastapistes cyarostigma* 66
*Seriatopora hyxtrix* 47
*Sinularia* 30,57
Siphonophore 55
*Spheciospongia vagabundus* 60
*Sphyraena barracuda* 35
*Spirobranchus giganteus* 60
Spondyle 37
*Spondylus* 37
Squille boxeuse 33
*Stegastes lividus* 28
*Stegastes nigricans* 28
*Stenopus pyrsonotus* 37
*Sterna fuscata* 21
Sterne fuligineuse 21
Stolonifère 55
Strombe 27, 29
*Stylaster* 58
*Symbiodinium microadriaticum* 52
*Synapta maculata* 27
Synapte 73
*Synodus variegatus* 26
*Syringodium isoetifolium* 27
Tectec 20
*Tectus (Cardinalis) virgatus* 25
Tellinidae 20
*Terebra aerolata* 32
*Tetralia* 69
*Thalamita prymna* 24
*Thalassodendron ciliatum* 27
*Thalassoma trilobatum* 31
*Thelenota ananas* 34
*Thysanostoma thysanura* 70
Tortue verte 27
*Tournefortia argentea* 20
Tournepierre à collier 21
*Toxopneustes pileolus* 26
*Trapezia bidentata* 69
*Trapezia flavopunctata* 68
*Trapezia rufopunctata* 69
*Triphyllozoon* 75
*Tripneustes gratilla* 26
Triton 79
*Tubastrea micrantha* 39
*Tubipora musica* 58
*Turbinaria peltata* 39
*Turbo argystomus* 31
*Tutufa bubo* 29
*Tylodina* 62
*Uca tetragonon* 43
*Ulosa rubra* 37
Vélelle 55
Veloutier 20
Ver spirobranche 29
Vieille dorée 38
Vierge 21
Virgule 33
Yéyé 21
Zoanthaire 55
*Zoanthus sp.* 30
Zooxanthelle 52,65
Zourite 29

# Iconographie

**483 photographies illustrent cet ouvrage. La plupart (346) sont de l'auteur à l'exception de :**

**Alain Barrère**
p. 81 la chasse dans le lagon
p.11 colonisation des laves par les organismes (1,2,3,4)
p.42 une nurserie
p.54 des coraux carnivores
p.64 dromie avec éponge
p.68 *Cymo andreossyi*

**Philibert Bidgrain**
p.79 crevettes harlequins

**Bruce Cauvin**
(Association Parc Marin de La Réunion)
p.49 des coraux sur les orins
p.79 avant et après la houle
p.82 murs de soutènement et érosion
p.85 les 6 photos de la page

**Nicole Crestey**
p.49 division de l'œuf de corail, dispersion au gré des courants

**Alain Diringer**
p.6 gorgones à la Pointe des Aigrettes
p.32 l'horizon supérieur des sillons
p.32 les coquillages (cône aulique, mitre, térèbre, olive et rhinoclavis)
p.33 dans les sillons, écouvillons et plumes de mer, langouste
p.34 *Thelonota ananas*, la raie aigle et le requin nourrice
p.36 la grotte, les 3 gorgones
p.37 le tombant, la crevette *Rhinchocinetes*, colonies d'hydraires
p.38 buisson d'Antipathes, les fouets de mer, la crinoïde (2)
p.39 les coupes de *Turbinaria*, *Tubastrea*
p.44 la construction du récif (*Platygyra daedalea*)
p.46 le corail-bulle
p.53 la lumière un facteur limitant, la répartition bathymétrique des coraux
p.61 perroquet (2), chirurgiens lieutenants
p.62 *Tylodina* sur *Dendronephtya*
p.63 crevette et gobie, crevette parasitée
p.68 *Trapezia flavopunctata*
p.70 méduse et jeunes saupes, *Amphiprion chysogaster* dans *Heteractis*
p.71 *Periclimenes brevicarpalis* (3)
p.72 *Calpurnus*, ovule des gorgones, crabe *Quadrella*, *Pontonides unciger*
p.73 crevette commensale et crevette impériale
p.74 *Berthella*, *Ribescia*, *Hypselodoris*, *Cadlinella*, *Phyllidiopsis*
p.75 *Glossodoris*, *Roboastra*, *Phestilla Cuthona*, *Flabellina*, *Bornelia* et corail Dendrophyllidae
p.76 *Acanthaster*
p.79 triton

**Patrick Durville**
p.11 les carrières de calcarénites
p.37 l'éponge rouge, les coquillages filtreurs, les crevettes *Stenopus*
p.38 la crinoïde sur gorgone, les mérous
p.39 les diodons, le poisson-scorpion, le poisson-savon, le baliste
p.56 la guerre chimique
p.58 les *Distichopora*
p.60 datte de mer
p.71 *Periclimenes brevicarpalis* (1)
p.81 *Porites* et vers arbres de Noël

**Nicole Gravier-Bonnet**
p.52 un échange de services, les zooxanthelles dans un polype d'hydraire
p.54 photo microscopique des cnidocytes

**Jean-Pascal Quod**
p.11 colonisation des laves par les organismes (5)

**Hendrick Sauvignet**
(OCEAN'OBS)
p.27 la tortue verte

**Florence Trentin**
p.29 le zourite (1)
p.33 cérianthe
p.34 anémone, banc de jeunes barracudas
p.37 hydraire *Distichopora*
p.40 balane
p.48 ponte des coraux x 6
p.58 couple de gobies naines
p.59 bouquets d'animaux fleurs, foraminifère
p.64 crabe Majidae
p.68 *Cymo quadrilobatus*
p.70 dominos noirs
p.71 crabe-porcelaine, *Periclimenes brevicarpalis* (2)
p.72 galathée sur comatule, *Pontonides cf. maldivensis*
p.79 étoile mangeuse de coraux
p.83 *Porites* piétiné, colonies brisées et piétinement du récif

**Image quest**
p.68 attaque de l'Acanthaster par un Trapezia

**Illustrations**
Noémie Rosette-Pein de l'atelier crayon-noir a dessiné et mis en couleurs les illustrations des pages 8, 10, 14, 17, 50, 54, 84.

Cet ouvrage a été réalisé avec le concours financier de la Direction régionale des affaires culturelles.
Conception graphique et mise en page : atelier crayon noir, Noémie Rosette-Pein
Achevé d'imprimé : 2e trimestre 2008
Dépôt légal n° 3935
Graphica, Saint-André, île de La Réunion pour Océan Éditions
ISBN : 978 2916 533 445
© Tous droits réservés.
Toute représentation ou reproduction, par quelque procédé que ce soit, constituerait une contre-façon sanctionnée par les articles 425 et suivants du Code pénal.
www.ocean-editions.fr

BDAC 3719100012

591.
77
RIBb

**Ribes-Beaudemoulin**, Sonia

Les Animaux des récifs coralliens